中国纺织出版社

内 容 提 要

现代的知性女性，需要提升自身的修养、深谙处世智慧。修养与处世智慧兼具的女人，在不同的时刻会呈现出美丽的不同状态，一生都将散发着无穷的魅力。

本书分别从修养、处世智慧两个方面阐述了品质、礼仪、语言、形象等对现代知性女性的重要性。在这个节奏快速、竞争激烈的社会，女人要有效提升自身修养，学会为人处世，日益完善自我，才能赢得生活工作双丰收。

图书在版编目（CIP）数据

女人的修养与处世智慧 / 卢帼勤编著.—北京：中国纺织出版社，2018.8（2019.3重印）

ISBN 978-7-5180-4908-0

Ⅰ.①女… Ⅱ.①卢… Ⅲ.①女性—修养—通俗读物 Ⅳ.①B825-49

中国版本图书馆 CIP 数据核字（2018）第 096051 号

责任编辑：闫　星　　特约编辑：王佳新　　责任印制：储志伟

中国纺织出版社出版发行

地址：北京市朝阳区百子湾东里 A407 号楼　邮政编码：100124

销售电话：010—67004422　传真：010—87155801

http://www.c-textilep.com

E-mail：faxing@c-textilep.com

中国纺织出版社天猫旗舰店

官方微博 http://weibo.com/2119887771

三河市宏盛印务有限公司印刷　各地新华书店经销

2018 年 8 月第 1 版　2019 年 3 月第 2 次印刷

开本：710×1000　1/16　印张：13

字数：145 千字　定价：36.80 元

凡购本书，如有缺页、倒页、脱页，由本社图书营销中心调换

前言

一个女人，可以相貌平平，可以平淡无奇，可以资质愚钝，但是不可以没有修养。女人的修养来自于内在心灵的闪烁，来源于人格的铸就。女人要有独立的人格，走自己的路，这样才能保持女性的气质与修养。好的修养，往往可以帮助女人更好地处世。

外表美并不是真正的美，只有内在美才是真正的美。女人漂亮的标准可以写在脸上，但最能打动人心的却是她的内在修养，内在的可贵和外在的和谐才能使女人更具吸引力。

漂亮的容颜可以让一个女人很有气质，但是决定其魅力的却是由内而外散发出来的、无所不在的修养，它体现在优雅的举手投足之间，体现在日常的待人接物之间。女人的修养与处世智慧来自内心的涵养、对礼仪的理解、优雅的谈吐和得体的穿着。女人的修养在举手投足、待人接物中可以展现出来，而热情大方，不浮躁做作，就是修养的具体体现。

一个女人最好的资本是修养。中国美容时尚报社长兼总编辑张晓梅说："我始终认为，女性的教养程度是衡量社会文明的一个重要标准，女人的教养决定着一个国家和民族的修养和前途。我特别想告诉女性朋友的是，女性修养、女性魅力是需要用心体味和感悟的，它是女人修炼的结果。通过不断地修炼，每个女人都可以今天比昨天、明天比今天更有魅力。更重要的是，是否知晓魅力的重要性，是否愿意不断学习提升魅力的方法，是否能够把提升魅力作为生活的一个重要内容并为此做出长期不懈的努力，会对一个人的事业和人生产生重要的影响。"

女人的处世智慧，必然是识大体、远离是非、经济独立、举止优雅。哪怕面对琐碎的生活，也懂得留给自己一丝闲暇时光，外表庄重从容，内在平心静气。认清自己，不妄自菲薄，知道自己想要的是什么，同时也要清楚自己的能力所及。远离蜚短流长，说得体的话，做分内的事，诗书藏于心，活出人生的大智慧。

提升女人的修养与处世智慧，需要完善自我，平时注重知识的积累，因为知识决定女人自身的修养，可以体现自己丰富的内涵与高贵的气质；更需要一份好心态，良好的心态不仅是女人在感情、事业生活中游刃有余的保证，更是增添自身魅力的重要法宝。

编著者

2017 年 12 月

目录

第1章

女人会保养，任时间流逝把美丽留下

随着时间的流逝，女人最担心容颜衰老。每个女人都渴望拥有光滑细致的好皮肤，但其实拥有好皮肤并不一定要依赖昂贵的护肤品。都说“没有丑女人，只有懒女人”，因此想要拥有好肌肤，想要让美丽永驻，你只需要懂保养、会保养。

※ 内养+护理，让女人拥有好皮肤

也许，三十几岁的你早已知道负面情绪和压力给肌肤带来的糟糕后果：皮肤松弛干燥、暗疮丛生、失去光泽、肤色暗淡。而一个小小的微笑，你却未必足够明白它能让你多么美丽。当你微笑时，脑内就会分泌一种快乐多酚(Endorphin)，它对于缓解人的痛苦、增强免疫力等都有帮助，而肌肤也具有相类似的机制。当肌肤感到你在微笑时，自身对于抵抗发炎、增生角质细胞、促进胶原蛋白细胞生成等方面的能力都会大大增强。

研究表明，皮肤的色泽度、润泽度、紧致度都与人的内分泌有关，而情绪正发挥着调节内分泌的关键作用。所以，毫不奇怪，为什么一个快乐女人的肌肤看起来总是那么光彩。并不是因为上帝偷偷塞给她神秘法宝，而是因为她拥有了笑容这种青春灵药。

注意好自己的饮食，能帮助三十几岁的女人拥有好皮肤。皮肤是身体健康状况的一面镜子，皮肤黯淡、多斑、成人青春痘丛生时，往往不仅仅是外在问题引起的，而是由内因引起的。例如，皮肤紧绷的同时，可能也感觉到口干舌燥，长青春痘的同时可能也有便秘症状。这些说明，不仅皮肤疲劳了，皮肤的主人很可能正受到压力过大、新陈代谢失衡的困扰。

从身体内部进行自我调节是中医推荐的，也是解决皮肤问题长期、有效的方法。皮肤干燥、长斑、出现细纹等都是老化的表现，都和缺少维生素 E 有关。所以，及时补充维生素 E 是留住青春肌肤的关键。一般来说，维生素 E 在蔬菜、水果和肉类中含量较多，在坚果中，尤以杏仁中的含量最高，三十多岁的女人应该多吃。维生素 A、维生素 C 有保护身体健康的作用，三十多岁的女人每天至少应食用 400 克水果和蔬菜(不包括土豆)，这会让你的皮肤变得更细腻和白净。

“多喝水，对女人的皮肤最好。”三十多岁的你肯定不是第一次听说过这句话了，但是这的确是保持皮肤最佳状态的一个最简单实用的方法。因为

水具有促进体内废物排出的作用，即使在寒冷的冬天，我们也应该坚持每天饮用八到九杯水，以清洁你的身体和皮肤，尤其是经常在空调环境下工作的女人们更应如此。

想要彻底地改善肌肤，三十多岁的女人不能只靠涂抹护肤品。应该从根本做起，令身体各项机能都健康起来。而常常做运动就是拥有完美肌肤的不二法门。但要记得在运动前一定要彻底卸妆，因为化妆品会遮盖着毛孔，令汗液和油脂分泌不能畅顺排出，从而引发毛孔阻塞，导致粉刺及暗疮的生长。另外，还应将头发束起或夹好，尽量不要使用造型产品，以免出汗时造型产品流到脸上，阻塞及弄污毛孔。运动后，切记洗脸，将汗、油脂及污垢彻底洗去。运动之后你会发现，身体排出这些毒素后，肌肤会感到无比清爽和洁净，好皮肤也就会常在。

假如你热爱户外运动，就要为肌肤做好防晒措施。适度的阳光，有助于调节并促进皮肤的功能，但若长期暴晒于紫外线之下，会令肌肤过度干燥及提早老化，还会刺激黑色素的增生及沉淀，令色斑暴现。因此进行美白修护及防晒保护是运动的指定动作。

好皮肤的色泽，取决于表皮细胞内黑色素的含量、位置以及皮肤血管收缩扩张的程度。这些因素都受控于神经体液内分泌系统的调节，而睡眠对此起着决定性作用。因此，充足和高质量的睡眠是使三十多岁的女人充满青春活力、消除疲劳、振作精神、容光焕发的重要因素，也是治疗某些神经机能性疾病的手段，同时还是疗养、康复、养颜、保健的基本途径。

掌握正确的洗脸方法对三十多岁女人来说同样非常重要。如果你是油性肌肤的话，请使用冷水洗脸之后用手拍干，这样能阻止油脂分泌旺盛和黑头的产生。美容和深层清洁只需一个月 1 次。并不是频繁地去美容院做护理才能拥有好皮肤，相反，过多地进行美容和深层清洁会破坏皮肤本身的平衡。因此建议美容和深层清洁只需一个月 1 次就够了。卸妆是每个三十多岁的女人在面部清洁时不可缺少的一部分。每天往脸上涂的各种化妆品，如果卸妆不彻底，化妆品残留在脸上，会堵塞毛孔，后果之严重可想而知。彻底清洁皮肤，彻底地卸妆，绝对是美容的根本。

夜晚是皮肤修复能力最强的时期，因此三十多岁的女人要抓紧这段时

间进行皮肤保养。在睡觉之前，洗干净你的脸，特别是喜欢化妆的女人更要彻底卸妆，之后取滋润效果好的保湿霜，配合按摩的方式涂抹在脸上。可能许多三十多岁的女人都不知道，头发带有许多的灰尘和油脂，这些东西都是好皮肤的敌人，所以平时应尽量将你前额的头发梳起来。

※ 按摩+饮食，让女人远离“熊猫眼”

三十多岁的女人熬夜后，容易形成“熊猫眼”，这也会导致肌肤无法顺利代谢，老、废角质堆积在皮肤的表面，肌肤自然没有光泽。长期熬夜之后，三十多岁的女人会发现自己颧骨、眼下出现了斑点，这是由于皮肤代谢减慢，白天积累的色素沉淀不能及时排出造成的。而且电脑辐射、过强灯光也会造成色素生成。

这时，你可以在早上洗脸后接着去角质，让皮肤变得更干净。之后再搭配使用脸部按摩霜，通过按摩手法及有效成分帮助肌肤苏醒，让灰暗肤色重新变得明亮起来。如果经常晚上加班，并在电脑前待很久，或所处环境的灯光较强，那么，你一定要加用隔离或物理防晒来保护自己的皮肤。

如何消除“熊猫眼”呢？三十几岁的女人要坚持每天按摩，促进眼部血液循环：涂好眼霜后，用无名指的指尖沿着眼睛四周轻轻按压；还可以用无名指指腹轻轻按住球后穴（下眼尾往内约 1/4 处凹陷是球后穴）并向上施力，此时会有些微痛感，但按摩后会很舒服；或者将大拇指指腹垂直放在鱼腰穴（眉毛中央凹陷处是鱼腰穴）处轻轻按摩；也可用大拇指按压太阳穴和涌泉穴 3~4 分钟，每天两到三次。但要注意力度一定要柔和，因为眼部皮肤比较脆弱，力度大了反而会造成皮肤松弛。

另外，对于熬夜形成的黑眼圈还可以采取应急处理，如把新鲜的土豆切成厚片，盖住整个眼睛，每次敷 5~10 分钟。土豆中的淀粉等成分可以对黑眼圈起到营养作用。或者把鸡蛋煮熟后剥皮，用热鸡蛋在眼部滚动，通过促进血液循环也可以迅速消除黑眼圈。

学会适当热敷也可以缓解黑眼圈。在没有热毛巾的情况下,用自己的手也可以完成热敷:把双手搓热后用手掌心捂在双眼上,如此反复十多次。三十几岁的女人千万不要养成揉眼睛的习惯,因为这样可能导致眼部毛细血管淤青,形成黑眼圈。

正确使用眼膜和做简单的眼部按摩操非常有用。凝胶、精华类眼膜一般用于眼霜后,还可以在睡前加多一些涂抹量敷过夜。质地丰厚、营养充足的眼膜往往用在上眼霜前。下面教大家一套简单有效的眼部按摩操:四指搓热,按压整个眼睑,从内眼角按向太阳穴,再用中指按压太阳穴。每次按压都要重重地按下,再轻轻地提起。

三十几岁的女人,在平常的生活中积极防范黑眼圈也很重要。要预防黑眼圈的出现,首先要注意防晒,因为日晒会加快皮肤的衰老和色素沉着,因此平常即使只是短暂地暴露在阳光下,也最好使用专门的眼部防晒产品。此外,化妆经常使用眼影、睫毛膏的三十几岁女性,如果卸妆不干净,时间长了,化妆品的成分沉着在眼睛周围也会形成黑眼圈,因此平时卸妆时一定要彻底清洁,最好使用眼部卸妆液。

饮食调理当然对告别黑眼圈很重要。对于淤血形成的血管型黑眼圈,可以多吃些山楂,对于因肝脏不好而影响眼部形成的黑眼圈就要补肝血,可以多吃红枣,对于色素堆积形成的黑眼圈除了要注意防晒外,还要少吃光感性食物,如芹菜、芒果、柠檬等。另外,三十多岁的女人平常还要多吃鸡蛋、瘦肉、鱼虾、蔬菜、糙米、薏仁茶、芝麻、花生、黄豆等食品,增加蛋白质、维生素A及维生素E的摄入。而多吃西洋参则可以气血双补,对于预防和减少黑眼圈也很有效。

下面有几种消除黑眼圈的方法,是三十几岁的女人一定要知道的:

热敷术:将适量红砂糖放入锅内,以小火加热。冒烟时,再将红砂糖包在手帕或纱布里,等到眼皮可以适应时,依顺时针方向慢慢热敷眼睛四周。此外,黑眼圈成因多数是休息不够,以致血液循环不足造成的,所以最好醒后立即用跟体温相同度数(37℃~38℃)的温热毛巾敷眼,冷却后再更换,如此反复敷10分钟左右,黑眼圈即可减轻,恢复明目光泽。

冰敷术:将冰水及冷的全脂牛奶以1∶1比例混合,将棉花球浸在混合液

中，然后将浸过的棉花球敷在眼睛上约15分钟即可。如果没有棉花球，用化妆棉或纱布的效果是一样的。

巧用茶包：睡前将用过的茶包，直接敷在眼睛周围一会，隔天黑眼圈就会慢慢消失了。

果蔬妙方：准备含有很多汁的苹果放在紧闭的眼睛上，躺下来休息15分钟。反复多做几次，黑眼圈就和你说拜拜了。用去皮切片的新鲜马铃薯敷眼10分钟，也能迅速消除“熊猫眼”。

按摩术：把化妆棉渗满冰水，敷在眼圈位置15分钟，化妆棉变暖后可换上一对新的；起床洗个脸，用双手帮双眼作顺时针方向打圈按摩，约5分钟就可以促进眼下的血液循环，黑眼圈现象瞬间可以改善。

神奇化妆术：使用比粉底液颜色浅一度的遮瑕膏遮盖眼圈，可暂时“掩人耳目”。但谨记要和肤色协调配合，不然起不到理想的作用。

※ 柳叶弯眉，让女人柔情似水

对于三十多岁的女人来说，眉型的修饰技巧很重要，画得得体甚至能给人以脱胎换骨的感觉。眉毛的粗细、形状不同，会让整个妆容产生或娇媚、或个性、或刚强等不同的感觉，从而直接影响到你给朋友的第一印象。在这里我给三十几岁女性们介绍一种温柔的一字眉画法，希望能让大家给人以最佳的第一感觉。

第一步：用螺旋状的眉刷，顺着眉毛生长的方向，从眉头到眉峰的上方，再从眉峰到眉尾的下方，轻轻梳顺自己的眉毛。

第二步：使用专业的修眉小剪刀，小心地把眉峰到眉尾过长的眉毛修剪干净。

第三步：修整完毕，就开始画眉了。画的时候要从眉头开始，按眉毛生长方向，轻轻地由下向斜上方描画。接着从底边斜着往上，顺着眉腰往眉峰画，在眉峰处画一个圆润的弧度。最后从眉峰开始往斜下方画，一直画到眉

梢处逐渐减淡直至消失。

第四步：画好之后，用眉刷将画好的眉毛，按着画的方向整齐地轻刷一遍，使眉毛自然而服帖。

不同眉形的画法：

眉毛稀疏的三十多岁女性：利用眉笔描出短羽状的眉毛，以假乱真，再用眉刷轻刷，使其柔和自然。切记，这种眉形不能将眉毛画得太平板。

眉毛太弯的三十多岁女性：可剃去上缘，以减轻眉拱的弯度。

眉头太接近的三十多岁女性：可剃去鼻梁附近的眉毛，使眉头与内眼角对齐。

眉头太远的三十多岁女性：可利用眉笔将眉头描长，以缩小两眉之间的距离。

眉毛过于平直的三十多岁女性：可将眉头与眉尾的上缘剃去少许，再将下缘剃去，使眉毛形成柔和的弯度，让自己看上去更自然。

眉毛高而粗的三十多岁女性：可剃去上缘，使眉毛与眼睛之间的距离拉近些。

眉毛太短的三十多岁女性：可将眉尾修得尖细而柔和，再用眉笔将眉毛画长些。

眉毛太长的三十多岁女性：可剃去过长部分，眉尾不能粗钝，要剃掉眉尾的下缘，使之逐渐尖细，有韵味。

不同脸型的三十多岁女性眉毛的画法：

圆脸适合描上升眉，使脸部相应拉长。

长脸适合描水平眉，使脸显得短一些。

三角脸适合描大气一些的眉形，使下部的脸型看起来小巧一些。方脸适合描方眉，使脸看起来较圆一些。

倒三角适合描柔和的稍粗的水平眉，使额头看起来显得窄一些，缩短脸的长度。

※ 保湿有方，水润女人有朝气有魅力

三十多岁是女人一生中十分重要的一个门槛，跨过三十，很多女人都会发现自己的衰老迹象越来越明显。而在干燥的季节里，肌肤因为缺水的问题，更容易出现细纹，肌肤更加松弛、缺乏光泽。

年龄愈大，肌肤的水分越容易流逝，你的肌肤要想保持年轻水润，一定要做好保湿工作。不管你是用清水洗脸还是用洁面产品，都会令面颊的酸碱度产生变化，同时也会使表皮中的水分流失，肌肤变得紧绷、干燥。因此不同的肤质应选相应的清洁品。

混合性、干性肤质的三十多岁女人应选择偏弱酸性且质地温和的产品，如乳液状洁面乳，或含多种保湿滋润因子的洁面品。油性肤质的三十多岁女人记住千万不要过度清洁肌肤，那反倒会刺激皮肤分泌更多的皮脂以维持表皮肌肤的油分。建议你选择中性且质地温和的产品，在清除表皮多余油脂的同时，保持肌肤水油平衡。如玉兰油(OLAY)的清透毛孔洁面乳、SK-II的洁面霜都是不错的选择，非常适合油性皮肤使用。

一般洁面后肌肤的毛孔会微微张开，这也是最好的补水时机。水状的爽肤水能迅速渗透到表皮层，让肌肤有“立竿见影”的补水效果。

混合性、干性肤质的三十多岁女人应选择有直接补水功效的化妆水。

油性肤质的三十多岁女人往往需要更多的水分滋养，而非油分，因此特别需注意的是，要避免含酒精的化妆水。虽然酒精可让肌肤暂时感觉清爽，但时间长了会造成脱皮现象。

三十多岁女人每天都不可缺的步骤是“保湿精华”，它能为肌肤提供长效保湿，锁住肌肤表面水分，防止水分流失。

混合性肤质的三十多岁女人应选择含有植物成分的精华，因为它的滋润度足够，又不用担心会起脂肪粒。如娇韵诗(CLARINS)的全效多元精华、雅诗兰黛(Estee lauder)活力修护精华水、兰蔻(LANCOME)水分缘精华。

干性肤质的三十多岁女人应选择滋润度较高的精华素，如娇韵诗(CLARINS)全效多元精华素，质地滋润而不油腻。

油性肤质的三十多岁女人应选择质地清爽的产品。如碧欧泉(BIOTHERM)水元素精华、水芝澳(H_2O)面部绿洲滋润啫喱。选择合适的保湿精华，才能起到好的作用。

只有滋润的肌肤才可以保证肌肤细胞的正常运行，才可以有效抵御老化。因此，三十多岁女人不可怠慢“保湿滋润”。

混合性、干性肤质的三十多岁女人应选择霜类补水产品，滋润的质地可很好地防止表皮水分的流失。如曼诗贝丹(MB)晶莹柔肤霜、兰蔻(LANCOME)水分缘面霜、海蓝之谜(LA MER)面霜。

油性肤质的三十多岁女人应选择乳液状的产品，如SK-II晶致活肤乳液、赫莲娜(HR)维生素C精华乳液。不要被表面的“油性”所迷惑了，其实油性皮肤是最最需要保湿的，补水的功课马虎不得。

女人三十多岁时的肌肤远没有二十多岁时那么富有弹性和活力，随着年龄的增长，肌肤的新陈代谢变缓，肌肤表层老化的角质阻挡了水分和滋养品的吸收。所以要提升肌肤吸收力，每周做1~2次深层保湿护理和去角质护理是非常必要的。可以选择质地温和的去角质产品，如香奈儿的光彩立显去角质霜，每周做1~3次去角质护理，每次护理时，手法要轻柔，不可用力搓揉肌肤。

载体式面膜更适合三十多岁女人的肌肤，它不仅对肌肤无刺激，很安全，而且10~15分钟的封闭式滋养可以让肌肤快速补水。如玉兰油(OLAY)水润营养面膜、SK-II护肤面膜等效果都很好。如果肌肤的确十分油腻，可偶尔使用控油面膜，但要避开面颊或不易出油的部位。此类产品推荐水芝澳(H_2O)水柔保湿修护面膜。

相信，只要你坚持以上做法，即便已经迈入三十岁，你的肌肤依旧可以水润滋养，散发着朝气与青春的魅力，成为人见人爱的优雅女性，成为丈夫眼中永远的“水女人”。

※ 去皱+养颜，展现女人的美肌智慧

女人到了三十多岁，也就到了身体发育的鼎盛时期，不可抗拒的自然规律——衰老开始光顾你的身体：脸上有了小皱纹，皮肤变得粗糙，脸色也慢慢失去了苹果般的粉红色，身体出现一些不协调，甚至慢慢变胖。

不少三十多岁的女人去美容院，就是因为脸上还长痘痘。这个年纪长痘不是代表青春，而很可能是内分泌失调，雄性激素水平相对过高、雌性激素水平减少的反应。还有工作压力大、熬夜、生活作息不正常、饮食不规律、情绪不稳定等，都是痘痘产生的重要原因。这时，你要避免高脂肪、高碳水化合物食品，多吃富含维生素和高纤维的食物。少熬夜，多喝水，不要长时间接触电脑以免辐射过多。不能滥用药物，应选用温和的专业护肤保养品，温水洗脸，不要用手指挤压痤疮。

三十多岁的女人不得不面对一个现实，那就是皮肤已经不能和二十多岁时相比了。随着年龄的增长，肌肤受到自由基氧化，细胞膜会受到破坏，细胞更新开始减速，微循环也不再全速运转，肌肤的锁水屏障不能正常工作，皮肤的光泽、水分、弹性减少，甚至会产生皱纹。

相信没有一个三十多岁的女人会喜欢皱纹。如何能让自己脸上的皱纹晚一些出现，成了这个年龄段每个女人都关心的话题。现在给大家介绍一种促进脸部血液循环，缓解皮肤肌肉紧张的简易脸部运动。每天 5 分钟，坚持下去，你的皱纹会比同龄人晚出现。

首先，面对镜子，挺胸直立。两脚自然平行分开；用手背托住两个下颌；自然发笑，使面部下方肌肉稍显紧张；深呼吸的同时将两个肘部向两边抬起。用手指和手背轻按下颌，缓缓抬起。然后，两肘部和手完全成水平时，利用手的压力托起下颌，直到头微微扬起，接着动作；继续深呼吸，第一次持续 5 秒钟为佳；利用 5 秒钟左右的时间吐气，恢复原来姿势，利用下颌的自重轻压手背。动作熟练后，呼吸的时间逐渐延长至 5 秒、8 秒、10 秒……反复次

数越多越好。

还有一套也非常实用的运动方式，这种方式坐姿、卧姿、站姿皆可以进行。你要先在上嘴唇和下嘴唇中央，各设定一点，嘴微微张开，将设定的点最大限度地含进嘴里，整体上，将嘴唇向里卷起，嘴形微张，呈椭圆形。然后，食指放在两个颧骨的顶点，接上动作，反复进行将嘴角缓缓向上吊起后放松的动作。用食指感觉颧骨周围的肌肉，最大限度地向上吊起。反复进行该动作10~20次。最后，嘴张开，用上下嘴唇包住牙齿并向里卷入。想象两腮逐渐鼓起，并又逐渐恢复自然，富有弹性的外观。用手指轻轻画圆形，抚摸恢复弹性的两腮。

想要延缓皱纹的出现，在饮食方面可以多吃一些含胶原质多的食物，比如肉皮，多吃新鲜蔬菜和水果。因为新鲜蔬菜和水果中富含多种维生素和微量元素，特别是维生素E和维生素C可及时清除导致衰老的自由基。像花椰菜、菠菜、绿茶，都具有很好的抗氧化作用，饮食中可以增加摄入量，也可以直接服用天然维生素E和维生素C。

这里为大家介绍有效去皱美容的几款花粥。

菊花粥：菊花为菊科多年生草本植物的头状花序，含有甙、氨基酸、胆碱、水苏碱和维生素等物质。

做法：将菊花去蒂，晒干，研成细粉备用，粳米50~100克煮粥，待粥将成时调入菊花10~15克，再煮一两分钟即可。

功效：菊花气味清香，凉爽舒适，以粳米为粥，借米谷之性而助药力，久服美容养颜，抗老防衰。

菜花粥：菜花为十字花科的花，含有多种维生素、胡萝卜素，及钙、磷、铁等矿物质，对增强肝脏解毒能力，促进生长发育，细腻肌肤有一定的功能。

做法：取鲜菜花50克，粳米50~100克，红糖适量，加水500克文火煮粥，待粥稠时，加入菜油，表面见油为度，早晚服。

功效：菜花粥气味清香爽口，常服可活血美容，润肠通便。

梅花粥：梅花为蔷薇科，落叶乔木梅的花蕾，含有多种挥发油和维生素。

做法：将粳米50~100克煮粥，待粥将成时加入梅花10克，再煮一两分钟即可。

功效：疏肝解郁，美容养颜。不仅适口，使人开胃，还可美容驻颜。

桃花粥：桃花味甘，性微温。

做法：将桃花2克置于沙锅之中，用水浸泡30分钟，加入淘洗干净的粳米100克，文火煨粥，粥成时加入红糖30克，拌匀。

功效：美容，治疗血瘀病症。不宜久服，月经期间应暂停。

很多三十多岁的女人都会贫血，而只有气血足的人才会面色红润。所以应多吃些红枣、阿胶等补血的食物。同时要注意防晒，不要熬夜，保持充足的睡眠。

随着衰老地加剧，新陈代谢功能会减弱，血液循环减慢，因此就会造成色素的沉着，出现色斑。工作压力增大造成的心理负担过重，精神高度紧张，造成的内分泌失调，也会形成面部色斑。这时，你要节制饮食，少吃能导致色素沉积的食品，多摄取含各种维生素较高的食品，就可抑制色素分泌和斑点形成。

长期对着电脑的女性，最好涂些隔离霜，用完电脑后要洗脸。每周做一次泡浴或桑拿，促进血液循环和体内毒素排出。还可选择一些专业祛斑产品和美白产品。如果能用天然维生素E涂抹在色斑上，坚持一段时间也可以祛斑。

三十多岁的女人，身体最容易走形。各个器官的机能开始下降，如心脏机能、呼吸系统机能等，而且相应器官的代谢也会自然下降，热量消耗随之减少，由此积攒下来的脂肪会非常准确地“住”进腹、臀和大腿处。肌肉质量、肌肉纤维也在逐渐减少。均衡节制饮食是美体的关键。一日三餐摄入食物的比例可以控制成：早饭50%，午饭30%，晚饭20%。应酬如果一定要吃饭，尽量安排午餐。晚饭后最好不再进食。每餐八分饱即可。每个星期2～3次有氧运动，有条件的买个简易型跑步机放在家中，可以省去去健身房的时间和费用，但要动员家人之间互相监督，让孩子也参与运动。

记住这些美容智慧，相信你一定能成为他人眼中的不老神话。

※ 沐浴有道，不要忽略身体皮肤的保养

在保养上，三十多岁的女人常常会犯这样的错误——总是把注意力放在脸部的保养上，却忽视了身体皮肤的保养。如果这样，当丈夫或情人的手滑过你的肌肤时，要遭遇多么大的阻力啊，所以，你要时刻注意为身体树立正确的保养观念：适度的清洁（避免使用过度刺激的清洁用品）、充足的水分（像是刚洗澡后身上的水分）、适当的油分（像是润肤霜、营养霜、保湿乳液）等。

在我们洗澡时，不要过度地清洁。例如在秋冬时，保养应相对简单，不需要用去油力太强的洁肤品，而含油分比较多的护肤品相对也可接受，因为不用担心油腻不舒服的问题。选用的水温也颇有讲究，不要用太热的水。有的女人可能会问不是说水温越热，洗澡就越舒服吗？大错！太热的水会使皮肤更为干燥。别让一时的快乐造成更久的痛苦。在选用浴液时，要根据自己不同的肤质进行选择，如干性肌肤容易脱皮，表面有一层白屑，要用有滋润效果的沐浴液、乳液，避免用洁净力强的清洁用品；缺水性肌肤比干性肌肤更干，表面有较深的横纹，除了滋润的效果要强调外，还要注意不适合用泡沫多的沐浴液；过敏性肌肤皮肤很容易发痒，动不动就变得红红的或有小疹子，因此含香料、含皂性的产品尽量不要用；油性肌肤由于油脂分泌旺盛，所以前胸、后背非常容易长痘痘，因此要选择清除力强、泡沫丰富的用品。

把握合适的洗浴时间才能给三十多岁女人皮肤以最佳享受。如果洗澡时间太长，并不会缓解肌肤的干燥状况。因此每天不超过 10 分钟的洗浴时间才是恰到好处。

洗完澡后，要记得涂上一层护肤品。一般干燥的皮肤，用乳液应已足够，但严重干燥的皮肤则需凡士林才能解决。擦护肤品的时间相当重要，应在浴室中刚洗完澡，擦干身体时就涂，这样才能达到最好的效果。千万不要

吹个头发、看个电视再来擦，这样一来，身上的水分早已蒸发殆尽，再擦效果就会大打折扣。同时，护肤品也要学会换季。秋天时应收起夏天用的清爽型的浴液、换上滋润型的浴液。根据时令选对护肤品才是王道。

※ 天然排毒，女人不显老的智慧

三十多岁的女人如果不能掌握天然排毒的智慧，当体内的毒素产生后，堆积沉淀，久而久之就会侵蚀你的身体，使你记忆力衰退、面色无华，或臃肿不适，或枯瘦如柴、面黄肌瘦、食欲不振，甚至精神萎靡、头发干枯……一旦毒素积聚到了一定程度，它还会堵塞你的血管，进入你的血液，侵蚀你的细胞，损害你的器官，你的身体就会每况愈下。所以，要健康，就要排毒，要美丽就要排毒！

多吃粗粮和水果可以帮助三十多岁的女人促进肠蠕动，防止便秘，使你排出废物和毒素。当你身体内部恢复活力时，你也会看起来更加美丽动人。豆浆、蔬菜、水果、绿茶、水一定要天天相伴，粗粮（豆类、玉米、小米之类）、白木耳、黑木耳、蘑菇、蜂蜜、芝麻、红枣、菊花、海带、枸杞子和骨头汤要常吃。这些都是既有营养又能排毒的好东西。

柠檬是最好的排毒水果之一。柠檬水可以排除体内有害物质，能美白、排毒、清肠，又可以解渴且冲淡想吃东西的欲望，不需要特别节食，一举两得。每天早晨空腹喝一大杯柠檬水，简单实用，既可排毒，又帮助减肥，还有预防感冒的效果。但是一定要坚持才有效。

用大麦嫩叶或小麦嫩苗等榨成汁或者直接买现成的大麦嫩叶青汁来喝，也可以排毒清肠、改善便秘症状、抗辐射。这是因为它里面含有很多膳食纤维。坚持一段时间，整个人就会觉得神清气爽，而且长期喝还可以改善容易过敏和长痘的皮肤。

红糖具有排毒滋润皮肤的作用，这是千百年来妇孺皆知的。用红糖排毒时可以直接食用红糖，或者将红糖制成面膜，用来敷脸和按摩肌肤。用红

糖和蜂蜜制作的面部排毒磨砂膏，可以立即给你红润健康的好气色：将大约一小勺的红糖倒入搅拌碗里，倒入三倍于红糖的蜂蜜。如果自身皮肤细腻，可多添加蜂蜜，搅拌均匀即可。放置5分钟沉淀一下后，上面一层融入了红糖的蜂蜜就是上好的排毒活颜磨砂膏，敷在湿润的脸上，轻轻按摩后冲洗即可。

三十多岁女人在正常情况下每天的摄入与排泄应保持一个动态的平衡，这样才能保持身体的健康。但现实生活中，由于工作紧张，心理压力大，饮食不合理，运动量减少等各方面的影响，许多女人忽略了或无法维持这种动态平衡，往往饮食营养不均衡，排便次数减少或时间延长，从而造成毒素的蓄积，多种疾病随之而来。另外，很多女人对于放屁感到很尴尬，其实这里面也很有讲究。正常人每天要放5~10次屁，排出约500毫升左右的气体。当屁量大大多于平时或者比较臭时，就有可能会有消化不良、便秘、胃炎、消化性溃疡等胃部疾病，及肝、胆、胰等方面的疾病。

※ 完美上妆，女人战胜年龄死敌

三十多岁的女人，随着年龄的增长，肤龄同样在不断增长。当你发现肌肤缺少弹性，上妆越来越不容易时，不要沮丧，现在给你介绍一些让你的皮肤能与时间抗衡的方法。如果你想要让化过妆的自己看起来年轻些，那么你一定要知道这些上妆方法。

在底妆方面，三十多岁的女人不要用遮瑕度高的粉条，而应选择保湿效果佳的粉霜。一般而言，很多女人以为粉条的遮瑕力更能帮助遮盖细纹和斑点，但事实上，一般的粉条质地非常干，保湿效果又差，长期使用对原本干燥的肌肤反而是种伤害，尤其是眼袋部位，用粉条更容易加深细纹，所以建议你应该选用质地更薄、保湿效果佳的粉霜来当粉底。

长期面对计算机或生活中的种种刺激，会导致熟龄女性的肌肤颧骨与眼睛周围处易有斑点。颧骨附近的斑点，可以用腮红来遮掩，而眼睛周围与

其他的斑点，建议选择有光折射原理成分的遮瑕产品来修饰。至于眼影方面，请避免画深色眼影，采用自然色调与高明度的浅色调为宜。这样会让你看起来年轻五岁。

别忘记在上唇妆前先用凡士林（护唇膏）涂上双唇来做滋润，等脸上的妆完成后再开始画唇。先用唇笔描画唇缘，可避免唇膏晕散，唇形以自然为主，不要采用大红色和桃红色，应选择较高雅的酒红或咖啡红色系。另外可以选用光泽嫩亮的唇蜜让双唇更显立体、更迷人。

三十多岁的女人皮肤容易显黄气。黄气是指面部肤色暗哑、晦暗、没有光泽、气色偏黄。产生的原因是多方面的，除去天生的原因以外，过多照射紫外线，皮肤长期缺水，年龄增长，血液循环不好，或者天气较热，出汗多等，都容易使皮肤变黄。目前祛黄气的护肤品主要有这样几类：美白、保湿、提亮肤色、抗氧化。

美白产品祛黄气的原理是：美白肌肤，淡化色斑，使肌肤变得清澈透明，适合有斑的肌肤；

保湿产品的祛黄气原理是：补充肌肤水分，让肌肤得到滋润，适合外油内干的肌肤；

提亮肤色产品的祛黄气原理是：含有维生素 C 的护肤品，可以促进血液循环，从而让皮肤更有光泽；

抗氧化产品的祛黄气原理是：抑制黑色素的生成。

在所有的护肤品中，有些产品既可以美白，也可以祛黄气，但是美白产品是以淡化斑点为主，然后才是提亮肤色，使肌肤看起来更有透明度。而纯粹的祛黄气产品主要是改善血液循环。可以搭配使用祛黄气的护肤品，但是要看肌肤是否接受。皮肤的老化 80% 是由紫外线的照射造成的，所以要想让肤色没有黄气，就一定要防晒。在阴天、雨天或者坐在办公室里，也一样要擦防晒霜，因为紫外线 A 波长非常长，可以穿透玻璃、墙壁直接照射到皮肤的真皮层，使真皮层老化断裂。在饮食上多吃富含维生素 C 的食物，如橙子、猕猴桃、西红柿、草莓。

总之，三十多岁的女人要内外兼修，才能战胜年龄死敌。

※ 良好习惯，细节成就典范

想要成为三十多岁女人典范的你，一定要从现在开始，认认真真的养成以下一些好习惯：每天早上醒来的第一件事，就是赶紧喝上一杯白开水。早晨一杯白开水，可以清洁肠道，补充夜间失去的水分。并且，这杯水还能把胃唤醒，让它做好进食消化的准备，起到了温胃养胃的作用。而肠胃通畅了，新陈代谢自然也就顺畅了，而你的肌肤也会变得健康又红润了。

但是，要提醒女人们的是，千万别以营养饮料之类的饮品来代替白开水。你需要的不是营养丰富的饮料，而是肠胃清道夫一般的白开水或是淡盐水。

常吃苹果是非常好的习惯。苹果是美容佳品，既能减肥，又可使皮肤润滑柔嫩。其所含的大量水分和各种保湿因子对皮肤有保湿作用，富含的维生素 C 能抑制皮肤中黑色素的沉着。三十多岁的女人保证一天一个苹果，可淡化面部雀斑及黄褐斑。另外，苹果中所含的丰富果酸成分可以使毛孔通畅，有祛痘作用。爱美的你，记得每天都带上一个苹果出门吧。香甜的苹果气息，不仅可以让你感到轻松愉悦，而且更可以让你获得自然健康的美丽。

熟龄女人还是有点“醋意”的好。很多人都想知道美女是如何炼成的。其实，你固然无法改变自己的五官，但肌肤的质地却是可以改变的。要想自己的肌肤白皙通透并不难，只需每天一杯醋就好。

女人是最易缺钙的一个群体，而牛奶补钙效果优于其他任何一种食物，特别是酸奶更易被人体吸收，所以女人应每天喝一杯酸奶。

矿泉水，它含有的微量元素和矿物质是皮肤最需要的。清洗脸部后仰卧，用矿泉水浸湿一块干净的纱布，然后敷在脸上，待纱布变干后再次浸湿，如此反复，就等于给面部做了一次微量元素的营养补充。

整天对着电脑的三十多岁女人最需要绿茶。绿茶中含有丰富的维生素 C、咖啡因、茶氨酸，能起到抗氧化、中和游离子的作用，有去除皱纹、雀斑的

作用。

晚上临睡前，要做一个简单的面膜，以赶走疲劳、带来水润，并且使皮肤做一次“紧绷运动”，之后涂上护肤品，这样，晚间的皮肤才能得到最科学的修复。另外要注意的是，女性的睡眠时间不能过晚，特别是超过23时，因为从23时到第二天早上5时，是皮肤修复的最佳时间，而睡眠中的修复才有效。如果入睡时间超过了子夜，即使是第二天起得再晚，睡得再长，也已经错过了皮肤的最佳保养时间。

做好乳房检查也是三十多岁女人应该养成的习惯。在自查时，要脱去上衣，在明亮的光线下，面对镜子做双侧乳房视诊：双臂下垂，观察两边乳房的弧形轮廓有无改变、是否在同一高度；乳房、乳头、乳晕的皮肤有无脱皮或糜烂，乳头是否提高或回缩。然后双手叉腰，身体做左右旋转动作继续观察以上变化。取立位或仰卧位，左手放在头后方，用右手检查左乳房，手指要并拢，从乳房上方顺时针逐渐移动检查，按外上、外下、内下、内上、腋下的顺序，系统检查有无肿块。注意不要遗漏任何部位，不要用指尖压或是挤捏。检查完乳房后，用食指和中指轻轻挤压乳头，观察是否有带血的分泌物。通过检查，如果发现肿块或其他异常要及时到医院做进一步检查。月经正常的三十几岁女性，月经来潮后第9~11天是乳腺检查的最佳时间，此时雌激素对乳腺的影响最小，乳腺处于相对静止状态，容易发现病变。在哺乳期出现的肿块，如临床疑为肿瘤，应在断乳后再进一步检查。

※ 睡前护理，皱纹减少美貌加分

优质的睡眠让皮肤能充分休息，比任何护肤品都来得有效。

三十多岁的女人往往容易忽略掉睡前的一些忌讳，那些忌讳往往就是让女人肌肤不能够变好的罪魁祸首，那么睡前，你要做些什么来为自己的容颜加分呢？

首先，晚餐不要吃得太饱，如果吃得太饱，会导致睡觉时血液集中在胃

部，使脸部血液量减少，影响肤色。而且还要尽量避免或少量摄取盐分，最好不要喝酒，这样可以避免晨起时面部及眼睛周围出现浮肿的状况。

入睡前必须把皮肤清洗干净。清洗时先把清洁霜涂在脸上，然后用香皂洗干净。尽量选择香料少的洗脸香皂，搓出泡沫，然后用中指和食指在脸部由上往下、由内往外轻轻按摩。倘若是油性的皮肤，使用面刷可获得良好的效果。请记住，按摩后一定要用清水洗干净。如果清洁方法不正确，很容易造成眼睛红肿。

睡前在温热的洗澡水中加适量的醋。醋有一定的美容作用，可以使人在洗浴后感觉格外舒服。将醋与甘油以5：1比例混合，经常擦用，能使粗糙的皮肤变得细嫩。

用橘皮水洗澡也有美容功效：每天睡前洗澡的时候，把橘皮装在纱布袋子里，泡在浴缸的水中。

在睡前用湿水浸泡茶袋，然后将其压在眼皮上10分钟，再涂上眼霜，这样有利于眼部肌肤的保养，还能防止鱼尾纹的产生。

睡前一杯水对肌肤是非常有益的。因为当你睡觉时，这可贵的一杯水在你的细胞中循环被皮肤吸收，可以使你的肌肤更加细嫩柔滑。尤其在冬季，就更加可以使肌肤避免干燥。

牛奶有催眠的神奇功效。因此，那些容易失眠的人，睡前不妨喝一杯新鲜牛奶，这会放松你的神经，使你轻松入眠。

颈部皮肤十分细薄而且脆弱，其皮脂腺和汗腺的分布数量只有面部的三分之一，皮脂分泌较少，持水能力自然比面部要差许多，因此容易导致干燥，滋生皱纹。所以每天洁面的同时，不要忘记清洁颈部，并在清洁后涂抹晚霜和颈霜，因为护肤产品通常都能让面部及颈部皮肤更加紧致。

早睡早起，告别熬夜，烟酒。健康的生活会让你的肌肤皱纹减少，保持水分，整日容光焕发，水嫩迷人。

※ 轮廓抗老，女人的美容必修课

轮廓抗老是三十多岁女人必须提上日程的美容功课。因为和二十多岁的女人相比，颈部、面部、下巴等轮廓部位是三十多岁女人最容易泄露年龄秘密的地方。

轮廓抗老，当务之急就是解决面部问题。面部轮廓的好坏由面部皮肤、皮下脂肪和肌肉这三大要素决定。皮肤弹性降低、肌肉机能衰退、皮下脂肪增多等都可能使面部轮廓变得模糊或肥胖。因此女人过了三十岁，除了要选用有紧致功能的保养品外，也要有意识地补充胶原蛋白，增加真皮层的纤维弹力，像燕窝、雪耳、花胶、鸡爪都是补充胶原蛋白的佳品。

在生活、工作中，涂抹化妆品或洗脸时要采用由下向上的手法：一手撑住太阳穴处，像个钉子一样定住，另一只手由下往上地涂抹面霜，并做提拉的动作。在脸部轮廓的地方，要用拇指和食指从下巴开始用点力慢慢地往后移动，这样做可以打通气节，预防囊袋现象的产生，有意识地提拉按摩，可预防面部皮肤下垂。面部易浮肿的人晚上 8 点以后最好不要喝水，平时要多食用冬瓜、香蕉等消肿排水的蔬果。面部不浮肿，脸看起来自然就小一些了。

女人到了三十几岁，颈部的松弛和囊袋现象几乎是不可避免的问题。囊袋现象常出现在下巴和脖子的交界处，有点像双下巴，会使人的脸庞显得较为臃肿。一般来说，女人从 25 岁开始就要培养颈部护理的意识，即使不使用专业颈霜，至少也要为颈部涂上滋润度更高、含有胶原蛋白及骨胶原或弹力蛋白等特殊成分的面霜。颈部护理一般采用由上向下的按摩手法，将脖子稍微抬高，通过“龇牙咧嘴”的方式找到颈部的经络，然后顺着经络往下涂抹，之后按压锁骨内侧有淋巴结的位置，帮助排除多余的水分，塑造优美的颈部线条。对于容易出现颈部横纹的位置，可涂上颈霜向逆颈纹生长的方向轻柔按压。千万别让颈部泄露了你的年龄哦。

三十几岁女人的眼角、眉角及嘴角周围的肌肤是最易下垂的部位，也是决定一个女人轮廓是否年轻的关键所在。对于三十多岁的熟女而言，嘴角周围是最早出现松弛的地方，特别当法令纹明显时，整个面部就容易呈现老态。建议可选择含有γ氨基酸（简称GABA）和胜肽（pepitide）的产品。因为GABA可以疏解神经收缩引起的肌肉活动，类似保妥适（BOTON）的作用，而胜肽则可以刺激胶原蛋白的生成。在涂抹护肤霜时，将食指及中指置于法令纹处，用指腹由内往斜上推，重复此步骤约5次，可以减轻恼人的法令纹，提升嘴角线条。此外，平时有意识地模仿播音员做一些"啊、喔、咿、呜、吁"的发声练习，也可以锻炼口周的肌肉，保持嘴角肌肉的弹性，让自己的双唇看来更加迷人。

※ 提前抗老，不老神话不是梦

三十多岁的女人一定要提前抗老，不要现在怕麻烦，等到衰老时才怀念青春，后悔自己没有及早意识到要保养。

补钙是提前抗老最重要的一条。三十多岁的女性每日至少要摄取1000毫克钙，若在怀孕、哺乳期，则应加至1500毫克。日常应多食用牛奶、海带、虾皮、豆制品、动物骨头、蔬菜及补钙药物等。在食用时需要严格遵守医嘱，以免服用过量，反而对身体造成不良影响。

怀孕、生育，都会让女性营养缺乏。叶酸是B群维生素中的一员，为人体细胞生长和分裂所必需的物质之一，可以缓解营养缺乏症。富含叶酸的五类食物分别为：绿色蔬菜、新鲜水果、动物食品、豆类、谷物类。

女性还宜每天补充超过1200毫克的维生素C和400国际单位维生素E。它们是两种最重要的抗氧化剂，联合服用能减少血管壁上的有害堆积物。与此同时还应该多服用一些复合维生素和钙质补充剂，因维生素本身可以和钙质产生协同作用，相对于单纯补钙来说，服用后益处更大。

如果你有便秘、肥胖等苦恼，纤维素可以帮你免去后顾之忧，它在通便、排毒、降血脂、防治肥胖等方面功效卓著。常见食品的纤维素含量如下：

蔬菜类：辣椒中纤维素含量超过40%，笋干的纤维素含量达到30%~40%。

菌类（干）：纤维素含量最高，松蘑含量接近50%。把蔬菜按纤维素含量在30%以上且从多到少的顺序排列为：发菜、香菇、银耳、木耳。水果中红果干的纤维素含量最高，接近50%，其次有桑葚干、樱桃、酸枣、黑枣、大枣、小枣、石榴、苹果、鸭梨。

一流的年龄缩减剂是优质的性生活，它能舒缓压力，放松心情。夫妻间的安全性生活达到116次，将会使你比真实年龄年轻1.6岁。

早晨醒来后，不要着急起床，伸伸懒腰，让脊柱也有"苏醒"的时间，这样可以避免腰痛，保持良好的姿态。

就算再忙、再想减肥，每天也要吃早餐，而且还要吃好。吃早饭能有效地促进新陈代谢，保持血管和免疫系统的年轻。你的早餐最好包括谷类食物、水果、奶制品。建议爱美的女性早餐最佳选择为：一杯豆浆（酸奶）、两片全麦面包、鸡蛋、胡萝卜（或水果）。这只是个例子，也不是绝对的。你可以根据自身的需要组合添加，但最好要保持每天的早餐中有1份豆类（奶类）、1份杂粮五谷类、1份禽蛋类、1份蔬菜水果类。此外，每天保持4份水果、5份蔬菜，每星期吃两次鱼。做回杂食动物吧，继续巩固你二十多岁时打下的免疫基础。饭后，要坚持运动15分钟，比如找个收拾厨房之类的活儿，这是简单有效的保持体重稳定的又一方法。

抽时间做有氧运动，不要久坐，多增加点心肺血管的活力。你可以每天步行一小时或在短时间内做大运动量的锻炼，每周至少消耗3500卡的热量，还可以练拉力器、瑜珈，这些训练能保持骨密度，防止骨骼老化。条件允许的话你可以再养只狗，陪它散步，你的血压和胆固醇都能降低，心理状态也会变好。

为了抗衰，建议你每天搓搓以下八大部位：

搓腹：先左手后右手，先顺时针后逆时针地轮流搓腹部各50下，可促进消化，防止积食和便秘；

搓腰：左右手掌在腰部搓50下，可补肾壮腰和加固元气，还可以防治腰酸；

搓足:先用左手搓右足底 50 下,再用右手搓左足底 50 下。足部是人的"第二心脏",可以促进血液的循环,激化和增强内分泌系统的机能,加强人体的免疫和抗病的能力,并可增加足部的抗寒性;

搓手:双手先对搓手背 50 下,然后再对搓手掌 50 下。经常搓手可以促进大脑和全身的兴奋枢纽,增加双手的灵活性、柔韧性和抗寒性,还可以延缓双手的衰老;

搓额:左右轮流上下搓额头 50 下,经常搓额可以清醒大脑,还可以延缓皱纹的产生;

搓鼻:用双手食指搓鼻梁的两侧,经常搓鼻可以使鼻腔畅通,并可起到防治感冒和鼻炎的作用;

搓耳:用手掌来回搓耳朵 50 下,通过刺激耳朵上的穴位来促进全身的健康,并可以增强听力;

搓胸:先左手后右手,在两肋中间"胸腺"穴位轮流各搓 50 下,经常搓胸能起到安抚心脏的作用。

第2章

女人悟人生，学会处世找到人生的解法

三十几岁的女人，正是生命中的黄金时段，若能早日看清现实，学会处世，就能早日营造出让自己的生活宽松的氛围和环境。当然，学会做现实的女人，决不意味着放弃自己的梦想，让自己成为“俗人”。

※ 良好第一印象有人缘，让工作顺利进行

两个素未谋面的陌生人，第一次见面时所获得的初次印象就叫首因效应。心理学家经实验证明，若第一印象中彼此形成了肯定的心理定势，会使人在后续了解中多偏向发掘对方具有美好意义的品质；相反，若第一印象中彼此形成了否定的心理定势，则会使人在后续了解中多偏向于揭露对方令人厌恶的品质。

作为三十多岁成熟的女人，你一定要注意给别人留下美好的第一印象。第一印象主要是依靠衣着打扮、言谈举止、面部表情等来形成对一个人的内在素养和个性特征的印象。初次同别人接触时，温馨的问候、甜美的笑容、得体的服饰、优雅的举动等，都能给对方留下良好的第一印象，而且这种良好的印象将会持续保留下去，令工作能顺利进行。

所以，在与人交往之初，你要充分利用首因效应，将自己最美好的一面展示给他们，为日后进一步的融洽沟通打下良好的基础。

和同事交往，我们给人的第一印象是非常重要的，某种程度上能决定日后的工作沟通顺畅与否。

悠悠一直都在做销售，外表娇柔的她销售业绩却是最好的，每次同顾客谈生意，似乎都不会失败。面对同事们的质疑和羡慕的眼神，悠悠说："从我入职的第一天开始，我就会在每天出门之前照镜子，甚至只要走到有镜子的地方我都会留意一下自己。如果你们能像我一样，也会有非常多的客户的。因为良好的第一印象是敲开成功大门的金钥匙。"

从悠悠的经验中可以看出，重视第一印象确实能让你顺利的在职场上打拼，在生活中结交朋友。因为每个人的衣着打扮和形象都是你个人思想的延伸和扩展，就像当我们想改变自己时，常常都会先改变自己的穿着、打扮和发型。

与朋友初次相识，一定要相信外在形象显示了你的个性，朋友们会根据

你的外表决定是否和你交往，所以请务必重视你给人的第一印象。

※ 女人合理搭配衣着，彰显高品位

服饰作为职场的一种“无声的语言”，直接反映了三十多岁女人的品位和修养。若你的衣着特别时髦，别人第一眼就会认为你性格活泼、思想开放；若你的衣服保守而端庄，别人第一眼就会认为你处事拘谨、思想严肃；若你的每件衣服都熨得笔挺细致，别人第一眼就会认为你注重小节，细心认真……

总之，合理搭配的衣着能彰显你的身材和品位，体现了你的修养和成熟的智慧，既能增强你自己的信心，又能给同事留下良好的第一印象。

学会恰如其分地调和职业装灰暗的色彩，不仅可以修正、掩饰身材的不足，而且能突出强调你的优势。若是你身材上轻下重，则可选用深色轻软的面料做成的裙或裤，以此来削弱下肢的粗壮；若是身材上重下轻，则可选择深色外套。

职业装穿着优雅与否，并不取决于衣服的价格，而在于搭配得是否符和自身的气质、年龄、身份、季节及所处的职场环境，还有全身上下色调的一致性。职业装正确的配色方法是选择一两个系列的颜色，并以此为主色调，其他少量的颜色为辅，作为对比、衬托或用来点缀装饰重点部位，如衣领、领带、腰带、丝巾等，以取得统一协调的视觉效果。

职业装搭配技巧之强烈色配合法

强烈色配合法，顾名思义就是指两个相隔较远的颜色相配。职业装中常用的黑色配红色正是强烈色配合法之一，此外还有黄色配紫色，红色配青绿色等。

在进行强烈色搭配时，应先衡量一下，你是为了突出哪个部分的衣饰，要掩饰哪个部位的缺点。一般说来，黑色与黄色是最亮眼的搭配，红色和黑色则是最隆重的搭配。但切记，不要选用沉着色彩进行搭配，如深褐色、深紫色配黑色，这样会令整套服装没有重点，且让你看上去显得很沉重、忧郁。

职业装搭配技巧之补色配合法

所谓补色配合法即为两个相对的颜色的配合，如：红与绿、青与橙、黑与白等。补色相配的职业装能形成鲜明的对比，其中黑白搭配是永恒的经典和潮流。

职业装搭配技巧之协调色配合法

职业装的协调色配合法可以分为同类色搭配和近似色搭配两种：

同类色搭配原则

此种搭配原则是指深浅、明暗不同的两种同一类颜色相配，比如青配天蓝，墨绿配浅绿，咖啡配米色，深红配浅红等。同类色配合的职业装会让你看上去柔和文雅。

近似色相配原则

此种搭配原则指两个比较接近的颜色相配，如红色与橙红、紫色与红色、黄色与草绿色、橙色与黄色相配等。

工作时，建议成熟的女性们着低彩度的职业装，这样能在办公室中营造出沉静的气氛，增加你与同事之间的距离，减少拥挤感，令同事们工作更专心致志，也能让你们的沟通更平心静气。

同时，纯度低的颜色更容易与其他颜色相互协调，能将有限的衣物搭配出丰富的组合，让同事对你产生和谐亲切、谦逊、宽容、成熟的第一印象，从而有利于未来融洽地工作，亦更容易得到上司的重视和信任。

白色职业套装的搭配原则

白色可谓百搭色，可自由地同任何颜色搭配，但要搭配得巧妙，也需要你动动脑筋。

一般来说，白色下装配带条纹的淡黄色上衣是柔和色的最佳拍档；下身着象牙白长裤，上身穿淡紫色西装，配以纯白色衬衣，不失为一种成功的配色，可充分显示出自我个性；象牙白长裤与淡色休闲衫搭配，也是一种成功的组合；白色百褶裙配淡粉红色毛衣，能给人以温柔飘逸、年轻妩媚的感觉；红白搭配是大胆的结合，上身着白色休闲衫，下身穿红色窄裙，能给人以热

情潇洒、活泼大方的感觉。

蓝色职业套装的搭配原则

在各种不同颜色的职业套装中，蓝色职业套装是最容易同其他颜色搭配的。无论是墨蓝色，还是深蓝色，都比较容易搭配。而且蓝色具有紧致身材的效果，给人以极富魅力的第一印象。

蓝色搭配红色，能给人以妩媚、俏丽的感觉。但要注意蓝红比例适当，如若不然，则会产生反效果。

黑蓝色外套配白衬衣，再系上领带，会给人以神秘、浪漫的感觉。

曲线轻盈、鲜明的蓝色外套和及膝的蓝色裙子搭配，再配以白衬衣、白色高跟鞋，会给人以轻盈、妩媚的感觉。

蓝色外套、蓝色背心，配以细条纹灰色长裤，会给人以素雅、温柔敦厚的感觉。

蓝色长裙、白衬衫、淡紫色的小外套，会给人以高雅、修长的感觉。

淡紫色毛衣、深蓝色窄裙，会给别人以成熟、风情万种的感觉。

褐色职业套装的搭配原则

金褐色及膝圆裙与白色大领衬衫搭配，能给人以成熟、时尚的感觉。

素雅的褐色外套，红色毛衣、红色围巾，能给人以鲜明生动、俏丽无比的感觉。

褐色毛衣配褐色格子长裤，则给人以雅致和成熟的感觉，让人觉得你是个可靠的女人。

黑色职业套装的搭配原则

同白色一样，黑色是个百搭的颜色，无论与什么色彩组合，都会展示出别样的风情。

米色职业套装的搭配原则

米色与白色相比，多了些暖意与典雅，米色同黑色相比，多了些纯洁柔和。身处职场，米色的职业套装能给人以纯净典雅的气质和严谨、认真的感觉。浅米色的高领毛衫，配上一条黑色的精致西裤，黑色的尖头鞋子，能给人以职业干练的感觉。

黑色条纹的精致西装套裙，米色的高档手袋，能给人以职业、优雅、含蓄的感觉。

※ 女人懂得这些法则，更受大家欢迎

聪明的三十多岁女人一定是受人欢迎的。三十多岁的女人要在芸芸众生中活得幸福，首先就得受人欢迎，被人接受。这个道理似乎很浅显，但做起来就不那么容易了。那么，怎样才能成为一个受人欢迎的女人呢？你首先应遵守如下法则，让他人喜欢你：

法则1：记住对方的名字

名字，是每个人最看重的东西之一。如果你能把对方的名字记在心上，能在第二次见面时叫出他的名字，这将是一件了不起的事，不仅会给别人留下好印象，还能将自己卓越的智慧展现出来，成为以后良好交往的开始。

法则2：说话时常用"我们"

有位心理专家曾做过一项有趣的实验。他让同一个女人分别扮演专制型和民主型两个不同角色的领导者，然后调查人们对这两类领导者的看法。结果发现，采用民主型方式的领导者更受欢迎。研究结果又指出，这类领导者当中使用"我们"的次数也最多，而专制型方式的领导者，是使用"我"字频率最高的人。

三十多岁的女人在人际交往中，"我"字讲得太多并过分强调，会给人突出自我、标榜自我的坏印象，这会在对方与你之间筑起一道防线，形成障碍，影响别人对你的认同。

法则3：不要强迫别人接受你的意见

有时候，你很难用简单的是非对错来衡量某一件事情。看问题的角度不一样，结果也就不一样。有的人总是试图把自己的观点强加到别人身上，强迫别人接受自己的意见，结果却往往会引起他人的不满。

所以，在与别人交往的过程中，你一定要顾及对方的感受，宽容为怀。即使他人的观点真的不正确，也应该坚持与对方共同探讨下去，而不是自以

为是地强迫别人接受你的意见。

法则 4:要有一颗容忍之心

"心字头上一把刀,一事当前忍为高。"这句话说得好,忍作为一种处世的学问,对于任何人来说都是不可缺少的。生活中你会同形形色色的人打交道,但并不是所有人在所有的时候都是谦恭讲理的。所以,在面临棘手的事情时,一定要有一颗容忍之心,才能不至于将事情搞得更糟,才能和所有人成为朋友。

※ 女人建立良好人际互动,大有裨益

在生活中,建立良好的人际互动,得到朋友的尊重,无疑会让你更受欢迎,同时,对你的生活和事业的发展也大有裨益。

有意见直接向朋友陈述

在生活中,因考虑问题的角度和处理问题的方式的不同,你难免会对朋友所做出的一些决定有不同意见,甚至是牢骚。这时,你切不可到处宣泄,如果让朋友听到了,难免会对你产生不好的看法。

最好的方法就是在恰当的时候直接找到朋友,向其表述你的意见。当然最好要根据朋友的性格和脾气用其能接受的语言表述,这样效果会更好些。不然,随便发泄,让朋友听到了,那么就意味着你将失去那个朋友了,也会对你的生活产生极为不利的影响。直接找朋友谈话,让他感受到你的尊重和信任,他对你也会多些信任,会认为你爱思考、识大体,而更加喜欢你。

从比你年长的朋友那里吸取经验

比你年长的朋友,相对来说比你积累了更多的经验,处理问题时,你不妨聆听他们的见解,从他们的言谈间寻找可以借鉴的地方。这样不仅可以帮助你少走弯路,更会让他们感到你对他们的尊重,让他们更喜欢你。

对朋友提供善意的帮助

最好主动去关心帮助遇到问题的朋友,在他们最需要帮助之时伸出援

助之手，这时往往会让他们铭记终生，打心眼里深深地感激你，并且会在今后的工作中更主动地配合和帮助你。

适当"让利"，讨人喜欢

有一些三十多岁的女人和朋友之间无法良好互动，是因为她们过于计较自己的利益，时间一长，难免会引起朋友们的反感，无法得到大家的尊重和喜欢。事实上这些"好处"未必能带给你多少发展优势，反而有时候会让你失去良好的人际关系。所以，对那些细小的、不大影响自己前程的"好处"，多一些谦让，这种豁达的态度无疑会使你赢得朋友的好感，增添你的人格魅力，使你获得更多的人脉。

让乐观和幽默伴随自己

生活中，要随时保持乐观的心境，让自己变得幽默起来。因为乐观和幽默可以消除彼此之间的敌意，更能营造一种亲近的人际氛围，并且有助于你自己和他人的交流变得轻松，消除工作中的劳累，让朋友因为你而更加快乐。

去喜欢他人

(1)和人打招呼时不要立刻微笑。慢慢地、轻轻地微笑，让对方感到这是他们独享的待遇，不要让别人认为你在遇见每个人时都会自动微笑。

(2)让别人有机会表达自己。专心聆听有趣的谈话并努力理解这些谈话。如果你没有认真倾听别人的答案，就不要问太多问题，或者随便苟同别人所说的任何话，这会让你显得极不真诚。

(3)谈话的语速和内容的多少要与他人保持一致。尽量使用他人的语速，会使沟通变得更加顺畅。避免使用不自然的话语或手势，学会适应不同的环境和不同的人，但不要压抑真正的自我。

(4)观察一些社交性线索。职业心理学高级讲师桑迪·曼恩博士如是说："人们是否在避免跟你进行眼神交流，或者看起来非常无聊，如果的确如此，请检查一下，你是否在向人们传递积极的回应。说话不要太快，不要只谈论你自己，或者用一些无聊的琐事轰炸你的听众。"

(5)你的身体就像一块磁铁，对于你所喜欢的人，你会把身体挪向他，而对于不喜欢的人，你会挪开身体。你可以将身体稍微斜向对方，但不必靠得

太近。如果他人将身体靠近你,你也不要明显往后退。如果他们缓慢移开,那你就不要随之移动跟进。

※ 做到人人有份,让女人更亲切

一旦三十多岁的女人心里有了强烈的参与意识,那么无论什么事,就都会像是你自己的事一样,在不知不觉中,你的态度和干劲就会逐渐好转起来,你也会很容易走进朋友心中,让他们觉得你分外亲切,性格很好,人缘自然也会更加好。

相信大家都知道这样一个实验:实验者登门拜访许多三十多岁的家庭主妇,希望她们支持一项宣传交通安全的活动,只要求她们在一张请愿书上签个名,并告诉她们这个请愿书将交给参议员,使他们为立法鼓励安全行车而努力。所访问的妇女几乎都同意签名。几星期后,另一些实验人员又去要求许多妇女在她们家的庭院草坪上立一块写着“谨慎驾驶”的大牌子。结果显示,以前同意签名的妇女中有55%的人同意立大牌子,而起先未被要求在请愿书上签名的大多数妇女(83%)都拒绝了这一要求。

心理学家进行的这个实验说明,即使对方对这类事情完全不感兴趣,但如果能在一开始就让对方成为参与这类事情的人,他们就会产生对该行动的积极态度,即觉得自己对参与的活动负有责任,这就消除了以后从事类似活动的抵抗心理。所以,当随后再提出与此类事情相关的要求后,对方就会会感到难以接受了。

这说明在生活中参与意识的重要性。事实上,这种共同参与的意识能使人与人之间建立起深厚的友谊,让人觉得你性格特别好。道理很简单,两个一起同甘共苦过的人,感情自然就会很深。即使在陌生人之间,只要有过共同参与某件事情的体验,也会马上成为好朋友。

注意到人的这层心理后,如果你想说服某个人或想在朋友之间建立良好的关系,具体做法就是让他一起参与某件事或共同行动。扪心自问,相信

没有人喜欢被支配，或被强迫去做一件事。一个让同事觉得你性格好的秘诀是：让别人觉得那是他们的主意。

有些时候，你无法让对方直接参与到某件事中，这时如果能用一种间接的方式让对方参与进来，也会大有益处。比如说在学校里，对一些在课堂上吵闹的学生，大多数老师都以训斥的方法使学生暂时安静下来，但这种方法会令教室内的气氛顿时变得紧张，从而影响学生上课的情绪。但一些有经验的老师却不会这么做，他们反而会有意无意地指点那些顽皮学生邻座的同学读一读课文或问一些问题，那些吵闹的同学便会立刻安静下来，并且集中注意力。这也可以说是间接说服的方式，提醒他们参与上课的意识，而且也不会产生紧张的气氛。这种做法也适用于你与朋友的相处过程中。

※ 与上司建立良好关系，为自己争取好机会

在工作中，三十多岁的女人只有与上司关系融洽，才会获得更多升迁、加薪的机会，你的工作也才会更加顺利。想得到上司的关注，你就需要了解上司的心思，但别自作聪明地妄图猜透上司的心思。每个人都有自己的价值观，这些价值观不太能妥协，也不容易改变，并且也决定着你的思想和行为准则。

比如有的上司比较有时间观念，你的迟到会令他对你的印象大打折扣；有的上司看中办事效率，如果你做事情拖拖拉拉，也会影响他对你的看法；有的上司强调坦诚，所以有什么困难不妨对其坦诚相告……

总之，要通过平时观察上司的行为和聆听同事之间的讨论来了解上司的价值观，并据此改变和调整自己的工作习惯。

三十多岁的女人在平时工作中要留心观察什么事会让上司高兴，什么事会让上司生气，什么事会让上司苦苦思考，什么事情会让上司压力重重。比如同事告诉你上司上午事务繁忙，心情容易烦躁，你就不要上午跑去汇报

工作了,不妨把工作完成好之后,下午再去汇报,以免产生反效果。

经过仔细观察后,一旦能够掌握上司的情绪变化,你就会知道怎样才能避开阴云密布,从而缓解上司的心情,以免不慎让上司的情绪雪上加霜,并能据此采取更好的沟通方式让自己的想法得以实现。

每个人喜欢的沟通方式都是不同的,上司也不例外,因此你要了解上司喜欢的沟通方式。如果上司讲话时,语速快、呼吸急,并常用视觉词汇,就说明你的上司是视觉型的沟通者。他可能较喜欢阅读,更中意书面数据类的直观表达方式,所以你向其汇报时,不要光用口头表达,更要准备一份完整而细致的书面报告,以备其事后阅读。同时,也要适当加快你的说话速度,以提高你的沟通效率,让其认为你是个办事效率高、雷厉风行的得力助手。

如果上司讲话时说话速度适中,语调温和,并常用听觉词汇,就说明你的上司是听觉型的沟通者。面对这样的上司,条理分明、用词恰当的口头表达是最佳的沟通方式,尤其是当你临场表现得落落大方时,上司便会马上对你刮目相看。

如果上司讲话时语速缓慢,呼吸深长,并常用感觉类词汇,如“感觉”、“掌握”等,就说明你的上司是感觉型沟通者。面对这样的上司,你在谈话时要注意营造谈话的氛围,要把握谈话的尺度及说话的语调,让其感觉舒服,你的印象分也就上去了。

现在介绍一些和上司建立良好关系的秘诀:

(1)了解上司所喜欢和关注的焦点,并加以剖析,才能让你在谈话时对症下药,或提出合适的反对意见,以让其觉得你并非吹嘘拍马屁之徒,而是对事物考虑周全严密的可造之才。

(2)提出观点前,先扪心自问这个想法能给上司带来什么意义、好处、改变,如果你的想法符合上司的工作重点和发展方向,自然能得到其关注和赏识。

(3)多做事,少说话。在下保证之前,多做事情,少说话,不要耍嘴皮子工作。同时,在向上司作出承诺时,不要随便夸夸其谈,将目标设得太高;相反,设定得稍微保守一点,最后完成的结果一旦超越了目标,反而能使你被上司另眼相看,更受重视。

(4)凡事不要只提及问题与难处。同上司沟通工作时，不要总提及问题和难处，每个上司都喜欢能解决问题的下属，而不是经常抱怨的部下。

(5)带着可能的解决方式求助上司。当工作遇到瓶颈时，请带着可能的解决方式求助上司，这既能在上司面前展示你对问题的解决能力，又能让上司看到你有责任、会思考的一面。

(6)及时询问反馈意见。处理完工作后要及时向上司寻求反馈意见，当然，这个尺度和时间的把握就要因人而异了。

※ 女人为人处世左右逢源有智慧

发掘朋友的不同爱好，并让自己“趣味相投”

所谓“趣味相投”，即有共同爱好、兴趣的人才能成为朋友。

王盈婚后一直在做全职太太，在孩子大些后才重新开始工作。三十多岁刚进入公司的她看同事们经常聚在一起谈天说地时，总感觉到自己插不上嘴，和同事们相处得有些尴尬。后来，发现同事喜欢的话题多是关于体育和财经的，于是，王盈开始每天都“有意识”地关注体育方面的消息和新闻，遇到合适的机会甚至还和同事们一起去看球。王盈发现有了共同话题后，和同事相处容易多了。每次在和他们闲聊的过程中也能将自己在工作中的一些感受和他们进行交流，彼此的工作友谊增进了很多。

个人隐私不可随便说

个人隐私自然带着些不可告人或者不愿让其他人知道的隐情，如果有朋友当你是好朋友，将自己的隐私告诉你，那就说明朋友对你非常信任。所以，你一定要保守住他的秘密。要是他听到了自己的私密被曝光，不用猜，他肯定认为是你出卖了他。

如此一来，他肯定会在心里不止千遍地怨你，并后悔曾经把你当朋友，还那么信任你。所以，他人的个人隐私不可以随意说出来，这是让你受人欢迎的最基本的原则和智慧。

别让爱情为你的事业添堵

作为成熟的三十多岁女人，最好独自去处理自己的情感生活，即使最亲密的朋友，也不要随便说自己的私生活，别让爱情、婚姻为你的人际关系添堵，破坏了你的事业和友情。

闲聊八卦提问要适可而止

生活闲暇，闲聊八卦非常正常，有的朋友参与聊天是为了在他人面前炫耀自己的知识面广，如果你想满足自己的好奇心，对他的问题来个打破砂锅问到底的话，他马上就会露馅了，自然也不能将闲聊进行下去。如此，不但会扫了大家的兴致，也会让这位朋友难堪。更有甚者，以后再闲聊的时候，朋友们还会有意无意地避开你。因此，在任何场合闲聊时，提问要适可而止，这样自己才会受欢迎，让朋友觉得你非常聪明。

搬弄是非要不得

生活中常常会有各种各样的流言飞语，要知道这些言语是非常具有杀伤性和破坏性的，可以直接伤害人的心灵。因此千万不要让自己成为传播这些挑拨离间之言的其中一位。经常性地搬弄是非，会让其他朋友对你产生一种唯恐避之不及的感觉，而这样的你也一定不会受欢迎。

朋友矛盾，小心处理

在生活中，与朋友产生一些小矛盾非常正常，但是在处理这些矛盾的时候，要注意方法，不要表现出盛气凌人的样子，非要和朋友做个了断、分个胜负。

就算你有理，如果你得理不饶人的话，朋友也会觉得你是个不给他人留余地、不给人面子的人，从而对你敬而远之。这样你可能会失去一大批朋友的支持，而变得不受欢迎。就更别说你得罪的那个朋友还有可能成为你的敌人，为你的事业发展埋下隐患。

朋友之间别随便谈钱

在万不得已的情况下，你切忌随意向朋友伸手借钱。即使借了钱，也一定要记得及时归还。否则，朋友会对你产生反感。如果因为钱而损失了友情，让自己变得不受欢迎是非常不明智的。

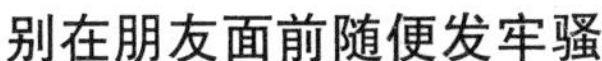

别在朋友面前随便发牢骚

有的女人总是怒气冲天、满腹牢骚，逢人就大倒苦水。但这样不停地发牢骚会让周围的朋友苦不堪言，让朋友们觉得既然你对目前的生活如此不满，为何不寻找方法改变呢。渐渐地，朋友会认为你是个眼高手低而又麻烦的人从而疏远你。

得意时，也不能太张扬

有的三十多岁的女人，每当自己工作有些成绩而受到上司表扬或者提升时，就在办公室中或者是朋友之间四处招摇、大肆炫耀，这样往往会招人嫉妒，引来不必要的麻烦。除了在得意时不能太张扬外，在失意时也不能在办公室向其他人诉说上司的种种不对，或是“谁谁谁也犯了同样的错误却没被惩罚”之类的话。因为这样的话，不但会让上司讨厌你，朋友们也会讨厌你，你以后在公司肯定没法受欢迎了。所以，无论在得意还是失意的时候，都不要过分张扬，否则只能给工作带来障碍，让人觉得你心胸不宽。

不私下巴结上司

有的女人喜好巴结上司，这样肯定会有同事看不惯，甚至还会影响你和同事们之间的感情。因此不要在私下做小动作，让同事怀疑你的忠诚度，甚至怀疑你人格有问题，致使同事以后在和你相处时下意识地提防你，一旦发现你出卖了同事，那么就连其他想和你交朋友的人都不敢靠近你了，这样你怎么可能受欢迎呢？

※ 肯“吃亏”是一种生活投资

对于女人而言，未知的生活就像是充满分叉的树干，在发展的过程中拥有无数的可能性。此时的停顿可能是为了下一步的飞跃，此时的转弯可能是开辟了新的方向，此时的“吃亏”可能是为了赢得更美好的前程……所以，适当的调整是必不可少的，而适时的“吃亏”也是一种对生活的投资，舍得“吃亏”才会收获美好的未来。

张锦是一名司机。每天工作起早贪黑，还要照顾家庭和孩子，十分辛苦。同为司机班的一群同事们，总是喜欢抱怨生活。他们总是抱怨为什么别人的工作轻松自在，自己却辛苦劳累。于是，他们在休息的时间里，总是以打牌或去卡拉 OK 打发时间，抒发愤懑。唯有张锦不与他们为伍，她每天都快乐地完成自己分内的工作，并在开车时听国际英语电台，回家照顾孩子时也和孩子一起学英语。下班把车擦洗干净以后，一有休息时间她就拿着中学英语课本、《新概念英语》苦读，并经常向其他部门英语好的同事请教，有时，还找孩子的英语老师请教。几年下来，她的英语已经达到了一个相当不错的水平。接下来，她提出了辞职，去一家港资公司做了对外联络员，而且做得风声水起，有了不错的业绩。

劳碌的工作、辛苦的生活之余还不能休息，是不是很吃亏？大家都去享受生活，而自己却要辛苦地背书，是不是很吃亏？然而，最后的结果却告诉女人们一个事实，适时的"吃亏"是一种投资，未来的改变正来源于此。张锦的成功，正是她长期自我投资的结果，她用实际行动告诉了女人们，不用再羡慕别人轻松、舒适的工作了，适当的投资自己，你也可以改变生活，延长女人事业的保鲜期。

在生活中，害怕吃亏常常得不到回报，因为你往往会因怕吃亏而处处小心、谨慎，甚至裹足不前，这样就丧失了很多前行、进步的机会。张锦正是因为不怕吃亏，利用一切时间"投资"于学习，才在三十多岁时迎来了事业的第二春。

历史上，也有不少女人用事实向我们证明了这个道理。唐代的长孙皇后就是其中之一。据说李世民当了皇帝后，长孙氏被册封为皇后。当了皇后，地位变了，她的考虑更多了。她深知作为"国母"，其行为举止对皇帝的影响有多大。因此，她处处注意约束自己，处处做嫔妃们的典范，从不把事情做过头。她不尚奢侈，吃穿用度，除了宫中按例发放的，不再有什么要求。她的儿子李承乾被立为太子后，有好几次，太子的乳母向她反映东宫供应的东西太少，不够用，希望能增加一些。但她从不把资财任情挥霍，从不搞特殊化，对东宫的要求坚决不答应。她说："作为太子最发愁的应是德不立，名不扬，哪能光想着宫中缺什么东西呢？"她不干预朝中政事，尤其害怕她的亲

戚以她的名义结党，威胁李唐王朝的安全。李世民很敬重她，朝中赏罚大臣的事常跟她商量，但她从不表态，从不把自己看得特别重要。皇上要委其兄以重任，她坚决不同意。李世民不听，让长孙皇后的哥哥长孙无忌做了吏部尚书。可皇后却派人做哥哥的工作，让他上书辞职。李世民不得已，便答应授长孙无忌为开府仪同三司，皇后这才放了心。此后的朝政官任中，长孙无忌也经常受到皇后的感染，成为了一代忠良。

长孙皇后得意时能够居安思危，以身作则，不惜让自己和亲人吃亏，也要保护制度和公平。这样做，乍看之下，是吃了不少亏，但是，她却换来了世人的敬仰爱戴和皇帝的信任，而且还让自己的德行感染了周围的人，为朝廷做出了贡献，从而名留青史。

回到我们现实生活中也能发现很多类似的事情。买保险就是这个道理。当然，对于保险这种家庭或个人的投资项目，有的女人会认为，买别的东西时，我们会当即得到某种商品或获得某种服务，而我们在花钱买保险的当时，什么也得不到，只是承诺在我们日后遭遇到某种损失时才能获得赔偿（养老保险是在到达一定年龄时才有回报，但因人的死亡时间无法预测，所以回报多少也是一个未知数）。这样，我们买保险的钱就可能“白花”，或者花得多而得到的收益少。这就如同早晨上班时看天有些阴，便带了把伞，结果到下班时天也没下雨，伞不是白带了吗？

其实，这种想法是不对的。保险是什么？保险是“集千家万户之财，救一家一户之灾”，是一种互助共济的有效方式。我们买保险花的钱，实际上买的是个人财产的安全和年老后生活的保障，而不是日后可能发生也可能不发生的“赔偿费”。在日常生活中女人们要知道，过日子不能随时都吃光花净，总要“留一手”，以备日后遭到不可预测的损失时应急。

因此，现代人很多都买保险，而且有的项目保险费还极高。如果没有发生意外，这笔巨款就算白扔给保险公司了。看似很吃亏的事，但是为什么还是有那么多人坚持买保险呢？

想想就会明白了，买保险和不怕吃亏有异曲同工之妙。买保险是人们对未来实施的一种保障，不管能否启用；而不怕吃亏，则是对日后各种机会的一种投资，不管是否能把握好。因此，在生命中，三十多岁的女人不妨为自己多做点“投资”，多一点“吃亏”，说不定这就是未来的福气，能为你的命运带来转机，让你生活得更幸福。

※ 智慧女人学会赚明天

在美国有句名言：“愚者赚今朝，智者赚明天。”那何谓智者呢？孔子说“知者不惑，仁者不忧，勇者不惧”。其中“知者不惑”的“知”，意思就是真正有智慧的人，什么事情一到手上，就清楚了，不会迷惑。“知”也就等于智者的“智”，之所以智者能够做到清楚了然，正是因为他们能不怕暂时的失败和亏损，能从眼前的处境中发现未来发展的机会。

聪明的妈妈嘉利就是个会赚明天的女人。嘉利的女儿三岁多，上幼儿园，丈夫在一家投资公司工作，虽然待遇非常好，但却很忙碌，为了家庭，嘉利只有做全职太太了。嘉利非常喜欢摄影，每天都会背着一台照相机在大街上走来走去，随意拍摄一些画面，当然，最主要的是给女儿拍照。一天，当她的镜头再次对准女儿的时候，她心里猛然一动，有了一个构想。

此后，只要有闲暇，嘉利都会背着照相机上街，专门拍摄幼儿园的孩子，把他们玩耍、学习、游戏时的镜头记录下来。多年后，嘉利在当地报纸上刊登了一则广告，说她有很多年前拍摄的某某幼儿园的孩子们的照片出售，价格每张 100 美元。此时，当年的那些孩子都已经成了大人，他们都想知道自己以前的样子。后来，嘉利每天都会接到大量的信件和电话，许多人都上门购买照片。很快所有的照片都卖光了，嘉利一下子成了远近闻名的富人。丈夫都想不到自己的妻子在三十多岁的时候就已经赚到了四五十岁时该有的财富。

其实，大凡聪明的女人都会用大部分的时间来考虑未来的发展，他们能着眼于明天，不失时机地寻觅致富之路，让自己的生活越来越好。放弃优越的工作，毅然选择回家创业的陈萍同样是一位“只为明天”的智者。

陈萍，出生于山区，毕业于国内重点大学。毕业后，一直在一家知名企

业工作，直到结婚生子。三十多岁的她在多番思考下，选择了回家创业，办起了一个小型加工厂。放着现成的好工作、好地位不要，偏要冒这个险，父母和丈夫都为她的前途着急。

开始创业后，陈萍出差去了新加坡。但当她听说本省的一些果农因为桃子的收购价太低，决定改种其他品种而纷纷开始砍桃树时，她立马赶了回来，想阻止果农。陈萍马上找了当地的村主任，跟他们签合同，白纸黑字地承诺不管市场价格多少，均以每斤不低于 0.55 元的价格收购桃子。这对果农来说当然是求之不得的。因为当时市场的收购价是每斤桃子 0.35 元。这可把果农乐坏了，人们都说这个陈萍疯了，这下她可亏大了。

此外，陈萍还鼓励果农加大种植面积，为此，她还答应为果农提供种苗、提供技术。对此，人们以为她只是说说而已，但当她把大量种苗运来时，果农才相信她是个说一不二的人。

2009 年，随着全球金融危机的加剧，国内竹笋的收购价也开始大跌，新笋上市时市场收购价是每斤 0.25 元。这个价格比农民的种植成本还要低，农民们都叫苦不迭。由于价格低农民们都不想卖了，而有些收购商还想压价以尽可能地降低他们的收购成本。如此你来我往，互不相让，形成了拉锯战。

可是如果竹笋不及时收割，就会老在地里；如果挖了不出售，就会烂在袋里。当然，长此以往，最终倒霉的还是农民。收购商自然看准了这点，暗地里偷着乐。这时，陈萍又出马了，而且她的决定让大家大吃一惊——她让公司以每斤 0.45 元的价格向农民收购。这是吃亏吃到底了，公司自然是没有一个人赞成的，特别是财务部长更是难以理解，为什么放着 0.25 元的好价格不出手，偏偏要多花 0.20 元的价格收购呢？但陈萍还是拍板决定了。后来，许多农民都雇车，浩浩荡荡地把竹笋送到了公司来。公司一共收购了 80 多吨竹笋，可以说这下损失大了。

那为什么陈萍甘愿如此呢？放着 0.25 元的低价不收，要给 0.45 元的高价呢？后来，在公司的大会上，陈萍说："大家想想，农民的种植成本是 0.30 元，如果我们用 0.25 元收购，让农民每斤倒贴 5 分钱，这赔本买卖谁还肯做，这不叫'竭泽而渔'吗？农民是最讲实际的，吃力不讨好的事他们绝不会再干。如果没有人再去种笋，以后我们就没有了生产原料，加工也就做不下去

了，长此下去，怎么经营呢，所以，为明天着想的话，我们并没有损失。这和我之前阻止果农砍桃树是一个概念。做生意，要想着明天，不要怕现在有损失。”

陈萍的举动才是真正聪明的女人应为，这也让人有理由相信，陈萍的公司迟早有一天会飞黄腾达的。

聪明的三十多岁女人都清楚地知道自己需要的是什么，也都不怕现在受损失，她们懂得如何用现在的努力换取未来的成功，而不是“今朝有酒今朝醉”。“愚者赚今朝，智者赚明天”，这看似简单的一句话，却是开启成功殿堂的金钥匙。

※ 心思细腻的女人生活更如意

三十多岁的女人要想生活如意，就要心思细腻，凡事冷静、沉着地应对。在做任何事情时都要心细，因为心思细腻的人常常会发现牵连大局的关键，所谓“千里之堤，溃于蚁穴”，可见心细是不可忽视的。

生活中有的女人往往会因为心不细而错失了一次次成功的机会。而那些心细的女人，却在不经意间获得了成功，享受到生活的美妙。老子说“天下难事，必作于易；天下大事，必作于细。”此语阐述了心细的重要性。它告诉三十多岁的女人：要想告别稚气走向成熟，要想成大事、要想生活如意，就必须从点点滴滴中寻找自己的完美之路，正如“海不择细流，故能成其大，山不拒细壤，故能就其高”一样。

女人对待生活、工作，心细才会有回报。心细是一种创造，心细是一种动力，心细表现了一种修养，心细深含做人的艺术，心细隐藏致富商机，心细凝结做事效率，心细产生经济效益，心细带来伟大成功。

王惠，36岁，是一家火锅店的老板。说起她的创业经历和生活变化，王惠最经常说的一个词就是心细。她说：“下岗了才走向创业之路，三十多岁的女人创业有多艰难，只有体会过的人才知道。不过，要成功还真的要靠

心细。”

王惠曾经以为，开餐馆请服务员一定要招年轻漂亮的，于是她起初招聘的服务员全是二十多岁、漂亮大方的女孩子。但没过多久，王惠就发现不行，这些女孩子做事情都是慢慢地、轻轻地，还怕脏，让客人点了菜还等半天。意识到不妥后，王惠一个月内就换掉了所有的服务员。此后的招聘，王惠定了勤快、踏实、心细三项标准。“勤快可以决定翻台的速度，踏实可以决定合作的契合度，心细可以决定服务的态度、减少出错、更能体贴客人。”王惠说，现在店里的服务员跟着自己从开业到现在的占了大部分。虽然不是美女，但很符合自己的要求，客人也都非常满意。

从开业伊始，王惠就会每天非常心细地收集每桌客人的反馈意见，让味道不仅有加盟店的特色，还符合当地人的口味。每天王惠都会亲自去采购，保证菜品质量，让客人吃得放心。王惠还说，开店以后自己心更细了，不仅仅是关注店里，对丈夫和孩子都更体贴了，知道他们需要什么，知道如何营造幸福的家庭，让家里的每个人都生活得和谐如意。

这是王惠心细的触觉和细腻的情感在工作和生活中的巧运善用。三十多岁的女人要走向成功，所面对的阻力和肩负的责任更大，所以更不能拒绝去做一些在别人看来是很细碎的小事。

心细，是三十多岁女人良好性格的精致外衣；心细，是融合和沟通女人和世界的电阻导流；心细，更是促成女人事业成功和家庭幸福的有力翅膀。

如琳，是个很心细的女人，她每次上门拜访顾客前都会提前半个小时到，然后侧面观察该客户的工作、生活情况，仔细思考该客户更需要什么样的产品，如何措辞才能更令对方开心，增加其对自己产品的兴趣。

有一次，如琳去拜访一个老总，在该公司的洗手间里，她开始和公司的员工聊天，询问一些工作和生活上的问题。突然有个人走进来，那个人看到她投入的样子，两人善意地笑笑，相对无语。到了约见的时间，她准时走进老总办公室跟秘书说：“我跟你们董事长有约，下午两点见面，现在是一点五十九分五十九秒。”办公室的门打开了，如琳一走进去，两个人一看，才发现原来是洗手间见过的那位。董事长跟她说：“小姐，你今天来是介绍产品给我的吗？”“是的，我现在跟你介绍……”董事长没有等她说下去就说：“不用

介绍了,你今天卖的东西我全部买下来。"她很惊奇地说:"您都不知道我在卖什么东西呢?"董事长笑着说:"不用介绍了,你的细心我刚才都亲眼看到了。你这个人言行一致,你卖的产品不用介绍,你今天要卖的东西我全部买下来。"

凡事心细,也许就是因为你一次善意的招呼、一次关怀的问候、一个迷人的微笑、一次坚守的执著就会给你带来一次意外的成功。

作为三十多岁的女人想在社交中如鱼得水、游刃有余;想在事业上大显神通,开创辉煌;想魅力无限,引人注目;想活得如意,过得逍遥,都需要心细,心细是指引你通往成功的探照灯。心细犹如庞大机器上的一个小零件,其体积也许微乎其微,但作用却是举足轻重、不容忽视。

女人的心细体现着人格情操和精神境界,标志着做人的品质和层次,诠释着女人独特的性格特征,富含着深刻的哲理,凸现着真情实意。可见,心细是女人人生本质和品格的真实体现和点滴流露。

心细的女人精致得像瑞士手表,从每一个闪光的零件可以看出它的经典价值;心细的女人完美得像古董,吹拂去那岁月沉积下来的灰尘,看到的是自然与巧夺天工的雕饰;心细的女人考虑问题较一般人仔细冷静,她们善于调控自己和别人的各种情绪,思维的触觉面和信息的搜索面大而广,敏锐度和敏感度超强;心细的女人尤其习惯用心去体验生活,以不惊之豁达成就大事,以芊芊之心营造温馨家庭。

※"让"在明处,换取长远利益

所谓"凡事让让是福气",就其本质而言,是一个利益交换等式——"让让"等于福气,我们是希望用眼前暂时损失的利益去换取未来长远的利益,即真正意义上的"让让是福"。不然,那就是白让了,更谈不上什么福气了。

正因如此,所以三十多岁的女人要讲究"让"的技巧,让在明处,清清楚楚地"让",让他人知道是你主动息事宁人、大度有涵养,这样才能换取他人

的感动、认可，继而用“让让”换来“知恩图报”和“福气”。李茹就是会“让”在明处，才让自己的事业越做越大的。

婚后，李茹和丈夫一起开了一家砂石店。经营了十余年，生意越来越好，人们都纳闷儿，李茹又没有高学历，也绝对没有背景，生意却这么好的原因是什么。

李茹说自己的秘诀很简单，就是与每个合作者分利的时候，她都只拿小份，把大份让给对方。如此一来，凡是与她合作过一次的人，都愿意与她继续合作，而且还会介绍一些朋友来，再扩大到朋友的朋友，也都成了她的客户。

人人都说李茹好，因为她只拿小份。但所有人的小份集中起来，就成了最大的大份，她才是真正的赢家，生意自然是越来越好了。

在生活中，女人们就要像李茹一样，不怕让利，但要让在明处，让对方意识到，你把好处让给他了，这才是“让”的最佳境界。

张菲是一家传媒公司的文案，她头脑灵活，文笔很好，工作认真的程度让人心服口服。那时公司正在进行一场大型广告制作，每个人都很忙，但老板并没有增加人手的打算，于是公司的人有时也会被派到其他部门帮忙，但整个公司只有张菲每次都任劳任怨地接受老板的指派，其他的人都是去一两次就抗议了。

张菲说：“我觉得挺好的啊，能学到不少东西呢。你们别看我累点，但我学到了很多新东西，回去还能和老公、孩子分享，不错啊。”周围的同事也看不出张菲有什么明显的进步，纷纷笑她傻。

几年后，张菲离开了那家公司。原来她是去别的部门帮忙的时候，已经把这类公司的各个运作流程的工作都摸熟了，所以她离职后，和老公一起成立了一家公司。你说张菲让出的时间和辛苦有没有收获，有没有得到福气？

做女人要想成功，除了要靠你练达的社交能力，还要会处世，懂得“让”，善于制造机会和利用人情世故——“让”，以令朋友更信赖你、支持你。要知道，你人生的每一步，都是为下一步做铺垫，着眼于未来，再去选择“让”在明处，才能掌握主动权，走向更美好的明天，成为三十岁女性的智慧典范！

所以说三十多岁的女人要学会“处世”，用不怕“让”的态度来生活和做

事，当然，提倡“让”，也不能乱“让”。让在暗处，结果就只是“哑巴吃黄连，有苦难言”；而让在明处，才是“投之以桃，报之以李”的明智之举。

※ 懂得舍得，女人快乐生活的圣经

或许，站在生命的中途，三十多岁的女人想得到的东西太多：金钱、地位、荣耀、感情……然而，若要你舍弃这些，恐怕没有人会心甘情愿。记得有这样一个小故事：在海边，一艘渔船旁挂着两张网，一张密，一张疏。密的那张网眼小。渔民说：它是用来在浅海边拖小鱼小虾的。依我们的看法，只要网绳结实，细密的网应该是最佳的捕鱼工具，因为小鱼小虾都不能漏网，何况那些膘肥体壮的大鱼。然而，渔民指着细网却说：它是捞不上大鱼的，因为捕捉大鱼前，网内早被小鱼小虾占满，大鱼在此已无“容身之地”。渔夫还感叹地说，“他们之所以总捕不到自己梦寐以求的大鱼，就是因为自己使用的网眼太小，放弃不了那些本该放弃的小虾小蟹。”听了这个故事，你是否会想到，人生何尝不是如此？凡事要看淡些，有舍才有得。

只是更多的时候，你还认识不到这一点。总认为眼前看到的既得利益才是实实在在的，心里想的也是怎样保证眼前的利益不受损失。殊不知，这样做只会任机会溜走，不但不会有所得，严重的甚至会失去更多。

玛丽和丈夫、儿子一起出海旅行。他们随身带着满满一箱的珠宝，准备在旅途中把珠宝卖掉。但是，他们没有想到，同船的水手们已经知道了箱子里的秘密。并计划着如何得到他们的珠宝。一天，玛丽偶然听到水手们在交头接耳，密谋着如何实施他们的抢劫计划。玛丽吓得要命，试图想出个摆脱困境的办法。玛丽把听到的情况告诉给了自己的丈夫和儿子。

儿子听后勇敢地说：“同他们拼了！”

“不，”玛丽回答说，“他们会杀了我们的！”

“那把珠宝交给他们？”

“也不行，他们还是会杀人灭口的。”

过了一会儿，玛丽一家人开始假装争吵，并开始互相谩骂，水手们好奇地聚集到他们周围。玛丽突然冲向小屋，拖出了他们的珠宝箱。

“忘恩负义的东西!”玛丽尖叫着指着儿子说:“我宁肯死于贫困也不会让你继承我的财产!”

说完这些话，她打开了珠宝箱，当水手们看到这么多的珠宝时都倒吸了口凉气。玛丽又冲向了栏杆，在水手们还没有反应过来之前，将她的宝物全都投入了大海。水手们虽然很心疼那些珠宝，但也无法挽回，于是只能作罢。

玛丽全家平安上岸后，玛丽对儿子说:“我们只能这样做，孩子，再没有其他的办法可以救我们的命，凡事看淡些吧，钱财以后还会有的。”

“是的，”儿子回答道，“您的舍弃是明智的，它换回了我们的生命。”

这个故事告诉我们，有舍才有得，凡事看淡些不仅可以找到转机，还可以挽救生命。因此，全看你怎么看待这得失之间的价值了。

在现实生活中，三十多岁的女人经常要面临这样的选择，若要更进一步，必然要放弃一些东西，就像你若要拥有美妙的身材，就必须放弃一些美味佳肴一样。这样有舍才有得的情况实在太多了，相同的是，如果真正做到了这一点，那成功就一步步地向你逼近了，凡事看淡些，最终你就能得到你想要的幸福。

阿梅下岗后发现家乡的茶叶产量已不是一个小数，于是便开了个茶厂，茶厂利润果然不菲。可正值她的茶厂如日中天时，她又精明地发现开茶厂不如搞茶叶销售。于是阿梅在别人不解的目光中全然放弃了茶厂，来城里开了茶庄，用阿梅自己的话说:“凡事看淡些，做生意有舍才有得。”

事实证明，短短几年间，阿梅的茶庄让她获得了丰厚的利润。而当别人都沉浸于茶庄生意好做时，阿梅早已在思考如何去打响茶叶品牌，宏扬茶道文化。她的茶庄率先注册了商标，开设了网站，连店面的装饰都颇有讲究。人们都说进阿梅店里买茶也是一种享受。

阿梅的口头禅是“舍得”。阿梅常说“舍得舍得，就是有舍才有得，凡事看淡些。我三十多岁就下岗了，那时候也难受啊，可是怎么办呢，日子还是要过的，不看淡点，不是和自己过不去吗？现在想想，要不是舍弃了工作，我

哪里会有今天啊!”所以阿梅她也非常舍得——她舍得花钱做茶叶研究,花钱去请专家指导,花钱不远万里去学习参观。她也舍得在营销过程中‘疼痛’:有几年茶叶价格连续下跌,不少茶商便关门停业,走一步看一步。可阿梅不同,门面照样大开,比进价还低的茶叶照样卖,明知会亏本的合同照样完成。阿梅总说“积少成多嘛。”“舍得”其实就是要目光远大,舍小利得大钱,舍眼前赢大局,放长线才能钓大鱼。

的确,三十多岁的女人要想活出自己的智慧和特色,还真的要凡事看淡些,学会舍得。先舍后得才是最长久、最智慧的“世俗”之道。凡事看淡得福报,这就是一本万利的“女人经”。要知道,这样的女人,常常能获得更大的回报,拥有更顺利的人生,在凡尘中活得有滋有味。

※ 减少贪念,豁达睿智是最富有的女人

常言道:贪心不足蛇吞象。生活中这样的人比比皆是:什么都想要,什么都不愿放弃、不知满足,结果呢?只落得竹篮打水一场空的下场。

现今社会飞速发展、生活形态也发生了诸多变化,这导致了三十多岁的女人心中的欲望也空前膨胀:有人一夜暴富,让女人们跃跃欲试;名牌商品满天飞,让女人们蠢蠢欲动;香车别墅皆诱惑,哪能心如止水……你会被外在的物质所惑,想将其统统归于己有,舍不得放下,舍不得吃亏,于是心中就充满了矛盾因此承受着极大的压力,以至于活得很累,甚至到最后什么都没有得到。

当私欲遮蔽了你的心智,贪心就会使你一错再错。贪欲的膨胀,将简单变得复杂,将轻松变得沉重,快乐最终就烟消云散了,什么都想得到的结果,就是什么也没有得到。做人大部分的痛苦来自于欲望的不能满足、事事的斤斤计较。

一味的贪心、不知满足,那绝对是一大错误,绝对不是三十多岁女人的生活智慧。你也会为之付出惨痛的代价,毁掉自己的一切希望。

一股细细的山泉，沿着窄窄的石缝，叮咚叮咚往下淌，不知过了多少年，竟然在岩石上冲刷出一个鸡蛋大小的浅坑。奇异的是，山泉不知从哪儿冲来黄澄澄的金砂，填满了小坑，天天不增多也不减少。

有一天，一位中年人来喝山泉水，偶然发现了清冽的泉水中闪闪的金砂。惊喜之下，他小心翼翼地捧走了金砂。

从此，中年人不再受苦受累，不再爬山越岭地砍柴。每过十天半月，他就来取一次金砂，日子很快富裕起来。人们都感到蹊跷，不知中年人交上了啥财运。中年人对这天大的秘密守口如瓶，上不告诉父母，下不告诉妻儿。

中年人的妻子偷偷跟踪窥视，终于发现了丈夫的秘密。她在认真看了看窄窄的石缝、细细的山泉，还有浅浅的小坑后，埋怨丈夫不该将这事瞒着，不然早发大财了，现在这条缝太小了，太吃亏了。于是妻子向丈夫建议，拓宽石缝，扩大山泉，不是能冲来更多的金砂吗？丈夫想了想，自己真是聪明一世，糊涂一时，怎么就没有想到这一点呢？

说干就干，夫妇俩很快就把窄窄的石缝凿宽了，山泉比原来大了好几倍，又凿大了深坑。夫妇俩累得大汗淋漓，想到今后可以获更多的金砂，高兴得喝了好多酒，醉成一滩泥。

可后来，夫妇俩天天跑去看，却天天失望。金砂不仅没增多，反而从此消失得无影无踪。夫妇俩百思不得其解，金砂哪里去了呢？

可想而知，水流大了，金砂还会沉淀下来吗？贪婪的妻子连原来的金砂也失去了，什么都得不到了。

做人不能没有欲望，欲望是前进的动力。但三十多岁的女人却不能有贪欲，不知满足、生怕吃亏，因为，贪欲是无底洞，你永远也填不满它。贪婪是一切祸乱的根源，会给你带来无穷无尽的烦恼和麻烦，成功做人必须控制贪欲。鱼和熊掌不能兼得，若你不想吃亏，都想霸占在自己手里，就会忘乎所以，丢掉理性，走上极端，最终毁在"贪"字之上。

据说上帝在创造蜈蚣时，并没有为它造脚，但是它仍可以爬得像蛇一样快。有一天，它看到羚羊、梅花鹿和其他有脚的动物都跑得比自己要快，心里很不高兴，觉得上帝对自己不公平，便嫉妒地说："哼！脚愈多，当然跑得愈快。"于是它向上帝祷告说："上帝啊，我希望拥有比其他动物更多的脚。"

上帝答应了蜈蚣的请求，他把好多好多的脚放在蜈蚣面前，任凭它自由取用。蜈蚣生怕有损失，便迫不及待地拿起这些脚，一只一只地往身体上粘，从头一直粘到尾，直到再也没有地方可粘了，它才依依不舍地停止。

它心满意足地看着满身是脚的躯体，心中暗暗窃喜："现在我可以像箭一样地飞出去了。"

但是等它开始要跑时，才发觉自己完全无法控制这些脚。这些脚噼里啪啦地各走各的，它必须全神贯注，才能使一大堆脚不致互相牵绊而顺利地往前走。这样一来它反而走得比以前更慢了。

什么都想要的蜈蚣落得如此下场，是谁之过呢？自然是贪心惹的祸。面对难填的欲壑，三十多岁的女人们应尽量享受已经拥有的，否则，自己苦心经营的美好生活倾刻就会被贪心毁得灰飞烟灭。减少私欲，不要什么都想占着，要使自己从欲念的无底深渊中得到释放与自由，这样做人才真实，才富有质感。六欲不能太重，七情不能太多，这样，才能不为贪欲所左右，真正聆听到心的声音，理解到做女人的智慧和修养。

对付贪心不足最有效的方法就是学会放下。放下是一种美丽，是一种心灵的豁达，是一种智慧；不怕吃亏是一种睿智，是一种心灵的释放，是一种做人的洒脱，

为了快乐，女人必须要学会拒绝一些物欲上的诱惑，学会对贪心的控制。其实学会放下并不难，人生的许多东西都是"生不带来，死不带去"的，得到你该得的、该有的就够了，剩下的，慢慢淡忘掉吧。

当你减少贪念后，你会发现眼界豁然开阔，人生中有了更多更美的风景，而你也在简单的生活中享受到了更多的快乐。做三十多岁的女人，多数东西并不容易改变，容易改变的，是自己的态度和心情，只要你自己觉得满足，你就是天底下最富有的人；只要你自己觉得快乐，你就是最豁达的人！

※ 摒弃欲望，心灵安宁过高品质的生活

想必，每个三十多岁的女人都是有欲望的：或是权力欲，或是名利欲，或是占有欲……这些欲望或多或少地会影响你的情绪、生活，若是不加克制地任由欲望膨胀，其结果可想而知。因此，千万不要纵容自己，尝试着克制一点儿，对自己严格一点儿，摒弃过多的欲望，你的生活质量会变得更高，你会更好地品味人生。

那些真正开心而明智的女人，往往是能主宰自己的性情、统治自己的心灵、控制自己的欲望的人。她们能用快乐的解药来消灭忧虑，解除烦闷；能像水温调节器一样调整自己的欲望——当欲望太多时，就将冷水管的龙头打开。在这方面，刘敏君为我们三十多岁的女人树立了典范。

“做领导先做人，万事民为先”是刘敏君价值观的集中体现。刘敏君也在自己的日记中写道：“公司的同事比天大”，自己要“永做同事们的公仆”，掌好权、用好权，不被欲望牵着鼻子走。为此，她要求自己“多为同事们谋取利益、办实事”，“正确使用权力，正确对待自己，正确对待一切事物”。

正确的欲望观使刘敏君能够在工作中摆正自己与同事、个人与组织的位置，从而赢得同事的敬重和爱戴，大家都叫她“知心姐姐”。当下，有一些领导自认为高人一等，与部下隔着一段距离。刘敏君对此十分反感，她曾对身边的一名同事说过，“在生活上我们不分职务高低，是朋友”。她主张在工作中，上级和下级只是分工不同，都是给公司做事，大家“要保持独立人格，不要搞成人身依附关系”。

正因为有如此清醒的地位观、权力欲，刘敏君在身居高位之后还能和许多同事成为了朋友，其中甚至包括一些残疾人。公司附近有一家小小的湘菜馆，老板是一名身有残疾的农民，刘敏君每次加班，都要到那里吃饭，每次还要给老板送一点儿特意带去的礼物。

对此，同事们都非常纳闷儿，刘敏君与这位老板非亲非故，那家饭馆的

饭菜味道也一般，而且位置处在县城，为什么刘敏君不仅常去吃，还要经常送这位老板礼物呢？原来，刘敏君用这种办法既可以了解公司周围的状况，又可以照顾这位残疾老板一家的生计。就这样一来二往，他们成了朋友。

还有一次，刘敏君到老家出差，发现一位老人在远处招手，村干部向她解释说这是村里的长者，九十多岁了，没见过领导，想看得清楚一些。于是，刘敏君笑着走过去和老人合了影。

此外，刘敏君认为做公司领导，就必须以义利观为基础，重在坚持廉洁奉公，摒弃过多的欲望。她也曾在日记中写道：要严防等价交换原则侵入公司生活。刘敏君也真正做到了这一点，经受住了各种诱惑和考验。

刘敏君常常提醒自己，摒弃过多的欲望是一个领导保持上进、真正和同事站在一起的内在要求。为了做到这一点，她努力把握住两个环节。

一是严格要求自己，“对待身外之物要铁石心肠”，要凛然正气，使人望而生畏，“不给别人一点送礼的由头，不让自己有半点过多的欲望，不请客，不公开自己的喜好，不收下属的礼物、礼金。”

二是严格要求家人和身边的同事。刘敏君从不准家人坐自己的车、沾自己的光、打自己的牌子办事。刘敏君的做法得到了家人的支持，他的丈夫一直坚持“三不”：不帮人向刘敏君带任何信，不传口信，不接受任何礼品。一次有人要给他送一个信封，丈夫毅然回绝，说：“这是送错误给我们，绝对不能收。”正是由于“前门”、“后门”都守得很严，都能摒弃过多的欲望，刘敏君才做到了廉洁奉公，成为了克制欲望的模范。

所谓知易行难。刘敏君能够始终践行着摒弃过多欲望的观念，勤勤恳恳，从自己做起，从身边做起，从点滴做起，实属难得。而她也经常警示自己：“观念的动摇，必然会导致思想道德防线的全面崩溃。”她告诫自己“大浪淘沙，警钟长鸣”。她提醒自己“我才三十多岁，生命还长着呢，我要慎独、慎微、慎始、慎终。”她还引用先贤的名言激励自己“路漫漫其修远兮，吾将上下而求索”。这些都值得三十多岁的女性们追随和学习。

七情六欲，人之常情，但常常有的女人会产生超出自身条件许可范围的欲望。若不能够坚决地克制自己的欲望，并且不想办法使自己摆脱欲望的

控制，那么女人的灵魂就会被欲望的魔鬼所控制，从而失去自我，所以三十多岁的女人要养成良好的习惯，能摒弃掉过多的欲望。

三十多岁的女人若想在人生之路上拥有高品位的生活质量，就必须戒奢持俭，节制欲望，只有有所弃，才能有所得。若是你总是不满足于现状，你就会有更多的欲望，为此，你又去忙于实现更多的欲望，这样的话，怎么能放松下来，怎么能快乐起来呢？

所以不能把生活的质量放在实现各种各样的欲望上。这山望着那山高，欲望是永远无法全部得以满足的。做人的关键在于能知足常乐，按照自己的准则去做人做事，以求得心灵的安宁和人生的幸福。

※ 肯于付出，才会有收获

三十多岁女性的生活，注定痛苦与欢笑同在，付出与收获并存。在荆棘遍野的征程中，看着条条荆棘，难免滋生退却之意。但当你付出努力，忍住被荆棘划过的剧痛艰难前行时，胜利女神就已经向你露出灿烂的微笑了，成功就在不远处等着你，而意想不到的收获也就在眼前。

诚然，生活中的付出常常与收获不相称。但是，倘若你害怕吃亏，不去付出，那么，就连收获的机会都没有，更谈不上盈利了。就是为着这一份难能可贵的收获，即使明知付出不一定能赢得收获，但哪怕只有一丝机会，你也要用舍得付出的心态去拼搏、去争取、去实现。

张郡宁就是付出了比常人更多的努力，才在失业后重新闯出一片天地的。张郡宁原来是一家啤酒厂的合同工。在自己的岗位上，她学习努力，技术也越来越扎实，成了厂里的技术骨干。然而，啤酒厂后来陷入连年亏损，她也因此失业，离开了自己热爱的岗位。这时，她才三十多岁，上有老下有小，正是家里需要用钱的时候。

好在那时政府出台了一系列优惠扶持政策。在家人和朋友的鼓励下，张郡宁鼓足勇气到温州等沿海地区进行考察。这一行，她不光学到了很多

商品流通的知识,更坚定了从事个体经营的信心。回到家乡后,她向亲戚朋友借款开办了鞋店,走上了艰难的创业之路。

由于张郡宁和丈夫以前从未搞过个体经营,一开始吃了很多苦:货源不熟、行情不清、资金紧缺等。但她没有灰心,她深信付出总有回报。所以无论什么样的付出她都没有计较,什么样的困难她都坚持了下来。

随着张郡宁懂得的越来越多,她的生意也渐渐好了起来。两年后,她开办了一家鞋城。经过几年的摸爬滚打,鞋城在消费者中树立起了良好的信誉,她做起皮鞋生意更是如鱼得水。后来,张郡宁在有关部门的协调下,投资购买了步步高大厦的部分产权,完善了仓储、门店等商业设施,实现了资产重组和资本的有效配置。通过后来几年的发展,她的鞋城在当地名气也越来越响了。

从尝试再就业到成功创业,这其中张郡宁付出了多少辛苦,拿出了多大的毅力和努力恐怕是普通女人难以想象的。但正如张郡宁坚信的付出总有回报一样,她的生活也发生了翻天覆地的变化,精神层面得到了极大的满足,家庭越来越和睦,社会地位更是水涨船高。

女人的拼搏之路上,勇于付出,才能有所收获,哪怕收获的不是金钱,仅仅是种幸福的感觉,也是弥足珍贵,令人难以忘怀的。焦惠敏也曾是一名下岗女工,如今却在石家庄长安装饰材料市场内经营着两家颇具规模的门店,而她的兴家之道归纳起来就是"舍得付出、不怕吃亏"八个字。

1998 年焦惠敏从石家庄市照明电器厂下岗了,在困惑和迷茫中,她经历了几次创业,但都失败了,甚至连家底都没有了。2004 年,焦惠敏来到长安区就业局参加了创业培训。在那里她开始第一次懂得什么是创业,怎样才能科学创业,这给了她强烈的信心,焦惠敏开始琢磨新的创业计划。

接着,焦惠敏在长安装饰材料市场租了个摊位,经营卫生洁具和灯饰用品。由于资金不足,她只能坚持开小店赚小钱的思路,货是进一个卖一个。刚开始没人手,焦惠敏便自己骑着自行车去批发市场进货。随后,她申请了小额贷款,虽然只有 2 万元,却帮了她大忙。2 万元贷款到位后,进货就可以成批的进了,进货多,销售量也随之增加,小店生意也开始有了起色。

由于焦惠敏只是个下岗女工,知识面窄,创业经验很缺乏,刚开始创业

时，她吃了不少亏。但她不怕吃亏，她舍得付出比他人更多的时间来学习各种知识，而她的店面也随着她知识的积累越做越大了。他们夫妇为了节省开支，只聘请了一个售货员。焦惠敏也不怕吃亏，每天在店里从早上一直站到晚上，亲自为顾客介绍产品。能有如今的成绩，焦惠敏已经很满足了。从当初下岗到现在生意有点起色，只有她自己知道这其间吃了多少苦，付出了多少心血。

上帝是公平的，付出得多，自然会有收获，自然会有回报。焦惠敏如今的生活全是她舍得付出自己的智慧和汗水换来的，点点滴滴都凝聚着她的心血。

三十多岁女人的生活之路上绽放着流光溢彩的鲜花，因为它们舍得付出自己优美的姿态，所以它们收获了阳光的洗礼，因为它们不怕付出，所以才换得了细雨的滋润；三十多岁女人的生活之路上矗立着笔直伟岸的树木，因为它们舍得付出自己的绿茵，所以才收获了雨水的浇灌，因为它们不怕付出，所以才聆听到了鸟儿的欢乐。

每个最终抵达成功彼岸的女人，都付出了他人难以想象的艰辛。她们用毅力、用汗水、用坚持、用无私，全心全意地为自己的未来付出着。因为她们相信，舍得付出才能看到花团锦簇的明天、辉煌灿烂的未来，才能在“世俗”中活出自己的风采。

※ 取舍有道，是智慧的选择

做女人的艺术不过就这一句话：取舍有道。取舍无道，生活便会陷入斤斤计较的囹圄，难有真正的开心和快乐；取舍无道，人生最终会失去方寸，也难以享受生活的各种境界；取舍无道，人生便会因患得患失而没有前进的动力，也不会有所建树。

三十多岁的女人面临着的人生就像一条崎岖坎坷、有弯有直的路，路上有荆棘、沼泽，亦有鲜花、美景。取舍有道，才能豁达前行，无惧艰险，才能拥

有披荆斩棘的魄力、睿智前行的胆识、力挽狂澜的勇气，让自己在坎坷中坚定跋涉，在风雨中昂首前行。

三十多岁的女人面临的“世俗”生活就像一场充满抉择和拼搏的较量，而较量中的每一个对手都是自己，取舍有道，敢于面对任何事端，才能最终超越自我，实现睿智的蜕变，获得最终的回报。

真正成功的女人总是善于隐藏自己的锋芒，在取舍与否中保持本质、游刃有余。三十多岁的女人，站在人生的三分之一处，活一天就会减少一天。功名和财富会随着时间的推移不断增加，但岁月和健康却会不断锐减。终有一天当这两条曲线交叉时，生命的显示屏上就会出现零，最终什么都带不走，这就是生命残酷而真实的公式。

“天下熙熙，皆为利来；天下攘攘，皆为利往”。在生活中有的女人会为了追求所谓的一己之利，而把自己全部的精力都投入到名利场中，而利益一旦成为个人追求的最终目标时，个人的行为便会陷入一种盲目的误区，欲望就会蒙蔽灵魂，看到的也仅仅是前面的目标，从而忽略了脚下所走的路是否正确。曾经有这样一则故事说的正是这个道理。

早晨，妈妈做了两碗荷包蛋面条，一碗上边有蛋，一碗上边无蛋。端上桌，妈妈问孩子：“吃哪一碗？”

“有蛋的那一碗！”孩子指着上面有蛋的那碗。

“让妈妈吃那碗有蛋的吧。”妈妈说，“孔融 7 岁能让梨，你 10 岁啦，该让蛋吧？”

“孔融是孔融，我是我——不让”

“真不让？”

“真不让。”

孩子一口就把蛋给咬去了一半。

“不后悔？”

“不后悔！”孩子说罢又是一口，把蛋吞了下去。待孩子吃完，妈妈开始吃。没想到妈妈的碗底藏了两个荷包蛋，孩子傻眼了。妈妈指着碗里的荷包蛋告诫孩子说：“记住，生怕自己得不到，处处想占便宜的人，往往占不到便宜。”

隔天，妈妈又做了两碗荷包蛋面条，一碗上边有蛋，一碗上边无蛋。端上桌，问孩子："吃哪碗？"

"孔融让梨，我让蛋。"孩子狡猾地端起了无蛋的那碗。

"不后悔？"

"不后悔。"孩子说得坚决。

可孩子吃到底，也不见一个蛋，倒是妈妈的碗里上卧一个，下藏一个。孩子又傻了眼。妈妈指着蛋教训儿子说："记住，不知取舍，想占别人便宜的人，可是要吃亏的。"

又过了一天，妈妈又做了两碗荷包蛋面条，还是一碗上边有蛋，一碗上边无蛋。妈妈又问儿子："吃哪碗？"

"孔融让梨，我让面——妈妈您是大人，您先吃。"孩子诚恳地说。

"那我就不客气啦。"妈妈端过上边卧蛋的那碗，孩子却发现自己碗里面也藏着一个荷包蛋。

妈妈说："看，只有懂得取舍的人才能有所收获。"

正如妈妈教育儿子的话一样，人只有懂得取舍才能有所收获。三十多岁的女人不仅仅要这样教育孩子，也要如此告诫自己：取舍有道地向前走，哪怕道路艰险，会摔得头破血流，也要不顾一切地前行，而这也是做女人最睿智的选择。

女人在人生中当前进的脚步受阻时，不妨稍作取舍，从而积蓄力量，以待下一次更好的前进。灵活地把握取舍之间的关系，明确取舍是为了更好的前进的道理，结果往往会收到事半功倍的效果。

生活就是如此，要明了取舍：舍的实质可能是为了取，而取的目的也许是为了舍，两者是相辅相成的。欲成为智慧的三十多岁女性，应当牢记这样一句话：取舍有道，是睿智的选择。

世俗中的取舍有道，给女人们加入了智慧的光芒、品格的力量、财富的沉淀、亲情的温暖，从而丰富了生命的意义；世俗中的取舍有道，为女人们减去了多余的物质、贪恋的欲望、心灵的重担、环境的纷扰，如此，你才能拥有更成熟的思维，更健康的生活，更睿智的人生。

※ 放弃执念，为自己留一片清静

人的一生中有许多无可奈何和不得不舍弃的东西。花好月圆终究无法长存，随着时间的流逝，今天亦会悄然而逝。如果对一些东西非常执着的话，势必会成为未来发展的负担。正如泰戈尔所说，“当鸟翼系上了黄金，鸟儿就飞不远了”。

懂得为自己留一片清静，放弃过多的执念是三十多岁女人的现实需要，更是三十多岁女性做人的智慧，能让自己毫无负担地享受生活。希琳正是在舍弃精美的水晶盘子后，才告别了负担沉重的生活，回到了原来轻松自在的清静生活。

希琳和丈夫、孩子旅游回来，带回了一个精美的水晶盘子。盘子非常漂亮，晶莹剔透，并且还刻满异国情调的繁复花纹，在灯光的映照下闪耀着迷人的光芒。她非常喜欢这个水晶盘，经常拿着把玩。她还特意定做了一个结实的展示桌，把它放到最显眼又最安全的位置。为了保持水晶盘晶莹剔透的美丽，她隔三差五地就去打扫桌子，不让半点灰尘玷污这个心爱之物。

希琳一改往日不爱做家务的习惯，小心翼翼地看护着她的稀世珍宝。她担心家里的小孩玩耍时撞到桌子、碰翻水晶盘，她还担心丈夫会失手打碎水晶盘，因此，她没少呵斥孩子和丈夫。孩子和丈夫在呵斥中变得谨小慎微，孩子不敢在家里玩闹和嬉戏，丈夫也不敢在家里随意走动。

日子一久，家里人说起话来客气得就像陌生人。每个人都感觉有一股气憋在心里，很难受，无缘无故多了几分烦躁，脾气都变得暴躁起来，经常为了一点鸡毛蒜皮的小事而吵闹。一天，一个好久没见面的老同学到希琳家里做客，进屋没多久就看见了这个漂亮的水晶盘。

老同学眼睛一亮，感兴趣地要求希琳拿下来赏玩一番。在连声的夸赞中，希琳非常得意地站到椅子上下取水晶盘，递给这位友人。“啪”的一声，

丈夫在阳台听见声响，慌忙跑到客厅里，在客厅看动画片的孩子也抬头看着他们，一脸的惶惑。希琳和老同学都呆在那里。在希琳递给老同学的那一瞬间，水晶盘坠落在了地上。

希琳站在椅子上，看着地上的片片水晶，一脸的茫然。曾经爱如珍宝的水晶盘在刹那间就成为了永远的回忆，这让她百感交集。同时，这一声响，好像锁在心头的一个牢固锁头突然打开，希琳心里先是一紧，随之而来的却是如释重负的痛快。希琳轻松地安慰着尴尬的老同学和紧张万分的家人，脸上绽放出难得一见的笑容。于是，久违了的温馨气氛又重新回到了希琳的家里。

诚然，美好的东西是珍贵的，但当呵护完美成为一种负担、一种束缚，那就不如放下美好，来换得轻松自在和心头的清静。

三十多岁女人的生活如一叶扁舟，不能承受过重的负担，否则就会在岁月的大海中沉没。因此，你要学会让自己的心头清静一些、轻松一些，让小舟能在浩淼的大海中自由、平安地航行。当然，对人生中那些重要的事，你还是应该努力地去争取，只有这样，小舟在航行时才能有充足的动力。

在女人的人生征途中，有千回百转的坎坷，也有峰回路转的机遇，面对挑战和机遇，需要你慎重考虑，但也不必过分执着，千万不能为了一棵树而放弃整片森林。做女人就应该懂得如何抉择，正如你面前放了两把椅子时，千万不要急着坐下，要作出冷静客观地分析。如果你想同时坐在两把椅子上，便有可能从椅子中间掉下去。因此只有当你有十足的把握后，才能选择其中最稳固的一把坐下，而生活往往也只能给你一把椅子。

会抉择、能在世俗中找到一片清静，是做人的一种智慧。“明者远见于未萌，智者避危于未形。”你只有懂得抉择，知道心之所向，才能使自己更宽容、更睿智；你只有懂得舍弃，才能让自己更从容、更淡然。

会抉择、能在世俗中找到一片清静，是三十多岁女人灵性的觉醒、慧根的显现，如同放鸟归林、放鱼入池。人生是艰难的航行，不可能一帆风顺，让心清静才能走得远，才能有所追求。执念太强的女人反而会失去最珍贵的东西，让自己的心受累，生活得不开心。

许多时候女人都应懂得抉择,能及时抽身转头或离开,带着"路漫漫其修远兮,吾将上下而求索"的精神,去拼、去闯、去创造。生命的意义并不在于你拥有多少,而在于身处其中是否懂得抉择,是否知道转个弯去追求梦想,是否能让心在清静中看清方向。

跋涉人生时,若三十多岁的女人不懂抉择,太执着于眼前的一些美丽风景的话,那么,你就可能会因为心太累而错过前方更绚丽多姿的景致。只有那些懂得抉择的女人,才会还心一片清静,欣赏到真正的美景。女人若是一味地执着于自我的天堂,便走不出精彩的人生,一味地执着于失意的旋涡,便走不出大海的磅礴。只有懂得放下、懂得抉择、懂得为心灵营造一片宁静的女人,才会在不断流转的岁月中勇往直前,为自己的灵魂留一片清醒悠然。

第3章

女人好心态，善待自己把苦日子过甜

三十多岁的女人若能学会把自己的苦日子过甜，酸的也会在嘴里咀嚼出甜蜜来，辣的也会在嘴里品尝出醇香来，苦的也会在嘴里回味出甘甜来，咸的也会在嘴里留下平淡来。

三十多岁的女人学会把自己的苦日子过甜，需要荣辱不惊的心态，胸怀坦荡的豁达。

※ 挫折促人奋进，铺就成功的康庄大道

茫茫人海，岁月蹉跎，在命运的长河里，处处隐藏着暗礁，欲泛舟江上，定会频遇挫折。三十多岁女人的生活道路亦是充满了坎坷。不管你愿不愿意，挫折总是会翩翩而至。正如“自古巾帼多磨难”，古今中外许多巾帼英雄都是在运用自身的智慧与挫折作斗争时磨练了意志，激发了斗志，学会了思考调整自己的行为，以更佳的方式实现自己的目标，让苦日子变得甘甜，使生活越来越甜蜜。

挫折虽然会给三十多岁女人的人生带来痛苦，但却是女人命运的炼金石，见证着优秀女人的蜕变。这种炼金之美，只有经历过的女人才能感知其色彩。如同成语“蚌病成珠”所言，如果说珍珠是蚌艰苦磨练的结晶，那成功就是女人们在接受一次次挫折后所得到的奖赏。走向生命之巅就像爬山，只有在半山腰克服了疲惫、在犹豫时选择了坚持，等待你的便是山顶上那“会当凌绝顶，一览众山小”的美景。

著名女演员秦海璐现在是越来越漂亮了，很多人都怀疑她是不是整容了，用她自己的话说，“我是在挫折中越来越漂亮了。”面对曾经的感情挫折，她过去选择的是哭泣和沉默，而变回自信公主后，秦海璐选择了歌唱。她说是唱歌让她重拾了自信，当上了公主，从而有种重生的快感，让苦日子变得快乐。

这个刚从感情阴影中走出的低调演员，近日再次成为众媒体关注的焦点。秦海璐说自己会越来越漂亮，日子越过越好，可能是她以前不是特别注意打扮的缘故吧。之前她买的衣服颜色都比较沉重，要么是黑，要么是白，而且经常都是买些 T 恤和牛仔裤，穿的比较随意。现在她想慢慢改变自己的生活态度和心情，换换造型，她开始选择公主模样的造型了。她规定自己以前的衣服都不许穿了，要穿必须穿裙装、吊带。后来她重新买了一些比较有女人味的衣服，而且选的都是比较亮丽的颜色，这样的衣服映衬得脸色不

错，心情也好起来，人也越来越美了。

秦海璐还说女人经历一次挫折，并从中走出来，能收获很多原来不曾发现的美好。她说出新唱片的时候正是在她最脆弱的时候，那时候她就喜欢躲在家里的写字台下面，因为只有那里是三面的，她会觉得安全。是唱片公司的同事给了她最大的自信，可以说，是唱片公司的帮助让她在自信心被完全被打垮的时候又重新拾回了信心。大家在几个月的时间里一直很照顾她，帮助她，在录音棚里怕她紧张，给她讲笑话，完全是一种很人性化而非商业的冰冷感。可以说出唱片不仅是帮她实现了一个梦想，而且是她信心重生的开始，让她在苦日子中看到了希望。

现在的秦海璐开始回味的不是伤心难过，而是一种释然。她曾经自己写了首歌，名字叫《记号》，就是代表了一个有过恋情的女子的心态。她说，对于过去的那段经历，不管是难过还是快乐，关键在于拥有过，而且让我现在越过越好了。

曾经有人说过：世界上荣誉的桂冠，都是由荆棘编织而成的。秦海璐正是以挫折为绳，编织出了一朵灿烂的、令人折服的生命之花。挫折是无处不在的，没有女人的一生是顺顺当当，波澜无惊的。

摩妮卡的小女儿露卡达因小时候生病而成了残疾人，摩妮卡每次看到女儿心就像刀绞一样，但摩妮卡还是强忍住自己的悲痛。她想，露卡达现在最需要的是鼓励和帮助，而不是妈妈的眼泪。摩妮卡来到露卡达的病床前，拉着她的手说："孩子，妈妈相信你是个有志气的孩子，希望你能用自己的双腿，在人生的道路上勇敢地走下去！好露卡达，你能够答应妈妈吗？"摩妮卡的话，像铁锤一样撞击着露卡达的心扉，她"哇"地一声，扑到母亲怀里大哭起来。

从那以后，摩妮卡只要一有空，就让露卡达练习走路、做体操，自己也常常累得满头大汗。有一次摩妮卡得了重感冒，她想，做母亲的不仅要言传，还要身教，自己要让孩子享受到战胜挫折的快乐，自己也要战胜现在的苦日子。尽管发着高烧，她还是下床按计划帮助露卡达练习走路。黄豆般的汗水从摩妮卡脸上淌下来，她用干毛巾擦擦，咬紧牙，硬是帮露卡达完成了当天的锻炼计划。体育锻炼弥补了由于残疾给露卡达带来的不便，母亲摩妮卡的榜样作用，更是深深感染了露卡达，露卡达终于经受住了命运给她的严酷考验。

挫折是女人生命中的一部分，没有挫折的人生是不完整的，从开始走路，学说话，学写字，到如今三十多岁，你就是从挫折中一路走来，在应用智慧战胜挫折中不断成长的。挫折也许会阻碍你前进的步伐，但没有挫折这块试验石的历练，你就不能学会坚强，就不会拥有斗志，就不能把苦日子过好。

俗话说沧海横流，方显英雄本色。在三十多岁女人的发展历程中，不可能不遇到挫折。关键是如何做好接受挫折应对挑战的心理准备，如何用智慧和能力克服挫折带来的困难，把挫折转化为有利于自己发展的契机。

挫折是三十多岁女人生命中的一阵阵风，清醒着你的头脑；挫折是三十多岁女人岁月油灯中的一滴滴油，给你上进的燃料；挫折是点燃三十多岁女人人生熖烛的火柴，燃烧着前进的希望；挫折是铺就三十多岁女人命运的一块块铺路砖，为你铺下一条通往完美的康庄大道。

※ 用勇气武装自己，奏出美妙的人生乐章

梁静茹有首歌这样唱道“我们都需要勇气，来面对流言蜚语……”的确，每个三十多岁的女人都需要勇气来面对一切成功与失败、一切是非和黑白、一切一切你周遭的事物。

三十多岁女人的人生如一次旅行，你不必在乎终点停靠在何处，而应关注沿途的风景，并时刻保持欣赏美景的心情。三十多岁女人的生活如一条崎岖的道路，注定不会一马平川，而是夹杂着高山与低谷。虽然道路是随着形势而变，但只要有一颗勇敢的心，便能登上属于自己的巅峰。美国前副总统竞选人约翰·爱德华兹的妻子伊丽莎白正是用勇气战胜了生命中的重重困难。

曾是一名才华横溢的金融律师的伊丽莎白，是丈夫竞选总统的核心力量，还是4个孩子的母亲，但她曾经历过一段伤心欲绝的黑暗日子——16岁的儿子韦德在车祸中丧生了。

谈起那件往事，伊丽莎白如是说："韦德死后，我觉得生活已经没有什么意义了。我每天成千上万次的想念他，黑夜要比白天漫长得多。我天天去教堂祈祷，对上帝祈求用我的生命换回他的生命。这不像其它灾难，失去的是昨天，对于一个母亲来说，失去孩子等于失去未来。这种痛苦在心中留下的烙印永远不会褪去。我开始整日担心15岁的女儿凯特会出事，几乎到了歇斯底里的程度。"在她最痛苦的时候，回忆那些幸福的往事能让她暂时止住眼泪，"那时候我们很穷，约翰甚至负担不起一顿汉堡快餐的费用。当韦德出生时，我们还得贷款50美元才够支付医院账单。但是，我们是那么相亲相爱，家里充满了笑声……"

后来，伊丽莎白意识到自己不能在回忆中度过一生。于是，她鼓起勇气和丈夫一起在家乡创办了"韦德·爱德华兹学习实验室"，为学生提供校外电脑和技术培训，还以儿子的名字建立了一个教育基金会，为贫穷的大学生提供奖学金。后来，伊丽莎白以"高龄"生下女儿埃玛和儿子杰克。就在伊丽莎白忙于照料三个孩子并需要帮丈夫竞选的关键时刻，命运再次给了她重重一击——她被诊断出患有乳腺癌，而且已经扩散。

当时，她的第一个念头是"我还有两个年幼的孩子，我要尽一切可能活下去"。第二个念头是"等竞选结束后再告诉约翰，他现在不能分心"。面对治疗中的副作用——头发全部脱落，这位充满勇气的女人笑着说："这下我终于不用染头发了"。

中年丧子的沉重打击的确让伊丽莎白老了许多，但是，在丈夫约翰眼中，她是"一块世界上最最美丽的岩石"。伊丽莎白说她在病痛中终于明白了那句"希望长着羽毛，悄然飞上心头"的意境。她看着手指上那枚约翰送给她的11美元的结婚戒指说："与我从前失去过的相比，如今更没什么好怕的了。罹患癌症就像是命运摇晃着我的肩膀说：'嘿！你又要准备战斗了！'没错！我还要和约翰像往常一样，每年到第一次约会时的那家快餐店庆祝结婚纪念日，我还要做外祖母呢。"

就是这样一个勇敢的女人,一次次用勇气的力量征服了生命中的重重不幸。同样的,因成功塑造“超人”形象而出名的好莱坞新星克里斯托弗·里夫之妻达娜·里夫,也用自己的经历让女人们见识了勇气不可忽视的力量。

嫁给“超人”以前,达娜是活跃在好莱坞的演员、歌手、主持人。婚后三年,轻松的婚姻生活便完全结束了。“超人”在受伤后曾绝望地想要拔掉呼吸器。达娜鼓起勇气安慰他说:“如果你想结束生命,我能理解你的心情,但是,我爱你,无论发生什么我都一如既往的爱你,还记得我们在婚礼上的誓言吗?‘无论幸福或灾难,无论健康或病患,都将相亲相爱、永远陪伴,直到死神把我们分开’。我要遵守我的诺言,你呢?”

此后,达娜辞去所有工作,专心照料丈夫和孩子们。那时,他们俩的儿子威尔才2岁,同时,她还要照顾丈夫和前女友所生的一儿一女。一晃近10年过去了,“超人”夫妇建立的“克里斯托弗·里夫瘫痪基金会”已经为残疾人募集到了四千八百万美元的医疗研究与救助资金。达娜说:“生活中这样的变故可以使一个家庭破裂,也可以让这个家有勇气更团结。我很骄傲我们所有家庭成员的内心都变得强大起来。尽管我们无法像其他夫妻那样亲昵,甚至连拥抱都不可能,但是我们很亲密。”

在谈到妻子时,“超人”感慨地说:“曾经我以为英雄就是不计一切后果、勇敢采取行动的人,是能够完成看似不可能之事的人。但现在我有了新的认识:英雄是在遇到逆境时仍然能够鼓起勇气,继续努力坚持到底的人,是能以非凡的力量鼓舞别人的人。我的妻子就是我们全家人的英雄!”

三十多岁的女人的生命中不能缺少勇气。在你的人生旅途中总会遇到各种挫折和磨难,这时你要用勇气来武装自己,披荆斩棘。三十多岁的女人拥有了勇气,就如同有了一路乘风破浪的风帆;三十多岁的女人拥有了勇气,就如同有了能一路过关斩将的开道长枪;三十多岁的女人拥有了勇气,就拥有了能抒写自己美妙人生的力量!

※ 勇往直前战胜困难，做生活的强者

三十多岁女人的生活如同一粒种子，深埋于地下，只有勇往直前才能冲破厚厚的泥土，开启新的生命，将自己的生命投入蓝天的怀抱；三十多岁女人的生活如同一只蚕蛹，紧锁于黑暗，只有勇往直前才能冲破无穷的阴霾，享受阳光的明媚，蜕变成一只优雅飞舞的彩蝶，享受姹紫嫣红的生命；三十多岁女人的生活如同一颗树木，生长于悬崖，只有勇往直前才能把根扎得更深，任尔东南西北风，仍然屹立于世；三十多岁女人的生活如同一条江水，奔腾于地面，只有勇往直前才能激起美丽的浪花，一路欢歌流向更广阔的未来……

人生在世，遭遇困难在所难免。其实适度的困难有着一定的积极意义，它能帮你驱走惰性，促使你奋进，勇往直前地迎接新的挑战和考验。相信这样一个故事是每个三十多岁女人都读过的：

一个小孩发现草地上有一个蛹，便带回了家。过了几天，蛹上出现了一道小裂缝，里面的蝴蝶挣扎了好长时间，但身子似乎被卡住了，一直出不来。善良天真的孩子舍不得蝴蝶如此艰辛的挣扎。于是，他便拿起剪刀把蛹壳剪开，帮助蝴蝶脱蛹出来。然而，由于这只蝴蝶没有经过破蛹前必须经过的痛苦挣扎，以致出壳后身躯臃肿，翅膀干瘪，根本飞不起来，不久便死了。

其实这个脍炙人口的故事隐含着一个人生道理：要有所成长就必须经历痛苦和挫折。苦日子是对女人的磨炼，也是你成长必经的过程。每个女人都希望自己的生活中能够多一些快乐，少一些痛苦，多些顺途，少些逆旅，可是命运却总爱捉弄人，总会让你遭遇无穷的痛苦、失败，而这时，勇往直前的女人便会显现出强大的生命力，罗静亭便是其中之一。

罗静亭是吉安市甘雨亭贸易公司总经理。她曾经是一名下岗工人，为了生计，她也摆过地摊。经过多年的不懈努力，如今她经营的商贸有限公司已有九家连锁店，资产上千万，年纳税近百万元。

1993年4月，罗静亭从吉安县百货公司下岗了。下岗就意味着失业，可她当时还年轻，上有老下有小，没有了工作，以后的生活都成问题。她在家里反复思考，是一蹶不振，还是从头再来？一蹶不振就只能等死，勇往直前从头再来还会有新的希望。于是，她批发了一些日用品，在市中心摆起了地摊。尽管是小打小闹的生意，两个月下来，她还是赚了三千多元。于是，她想要是开个店一定挣得更多。为了筹集开店资金，她和丈夫不知跑了多少路，说了多少好话，就这样终于从亲朋好友那借来了7万元资金。她激励自己说：只许成功不许失败。就这样，“甘雨亭”诞生了。

罗静亭的创业之路困难重重。从进货到销货，从收钱到清收，上上下下，里里外外，全是她一个人。由于缺乏经营经验，刚开始店里损失不少，但她并没有被困难打倒，而是一次又一次勇敢地迎接着命运的考验。正所谓一份辛劳一份收获。通过几年的摸爬滚打，她终于把债务还清，并且有了一点积蓄。与此同时，她也下决心要把企业做大做强，让那些当初和她一样下岗的姐妹重新就业。走向连锁是甘雨亭发展中的第一个转折。1998年8月，甘雨亭第一家连锁店开业。为了将来连锁店能顺利发展，1999年，她建立了自己的货物配送中心。然而，正当她的事业红火时，一场官司不期而至。虽然在官司中她损失惨重，甚至萌生退意，但她仍然没有放弃，而是总结经验：办事情千万不可麻痹大意。其后，她不断反思，终于带领企业持续发展，迎来了美好的今天。

三十多岁的女人创业需要勇气，更需要百折不挠的精神和诚信。多年来，罗静亭从摆地摊走来，没有因为艰辛劳累而退缩，也没有因现实的胁迫而让路，更没有因为官司而中途倒下。尽管她饱尝了酸甜苦辣，但她用自身的经历让我们懂得了何谓勇往直前：三十几岁的女人不是弱者，只要我们挺起胸膛，不畏艰险，就一定能够掌握自己的命运，成为生活的强者！

成功时，你不能因过度喜悦而醉倒；失败时，你亦不能灰心丧气、怨天尤人。面对“山重水复疑无路”的逆境，唯有勇往直前，持之以恒，才能有信心去克服一切困难，觅到“柳暗花明又一村”的美景。三十几岁的女人想让苦日子变甜，就要有勇气，这样才有行走的方向。

※ 适当放弃，轻装上阵，让生活变简洁

古人云："鱼与熊掌不可兼得"。女人的一生，需要放弃的东西很多，如果不是三十多岁的你应该拥有的，就要学会适时放弃。漫漫人生旅途，有山山水水，有风风雨雨，有得有失，只有学会了适当放弃，我们才能成熟，让生活变得更轻松。

三十几岁的女人要懂得适当放弃。一个女人如果背负的东西太多，心就会变得很复杂。若想轻装上阵，就应该舍下一些不必要的东西。往事如烟，年华似水，你总会面临无数的选择、取舍，通常放弃一些东西是艰难的，因为它们或美丽，或诱人，但当你勇敢地放弃之后，也许你会突然发现：原来适当放弃也是一种智慧。

某一知名跨国公司以丰厚的薪水招聘计算机网络员，君兰十分想应聘这一职位。但她在中专的培训已近尾声了，要是真的被这家公司聘用了，一年的培训就算夭折了，连张结业证书都拿不上。君兰犹豫了，并把自己的想法告诉了妈妈。妈妈笑着说："宝贝，妈妈和你做个游戏。"只见她把刚买的两个大西瓜放在君兰面前。让君兰先抱起一个，然后，再抱起另一个。

君兰瞪着圆圆的眼睛看着妈妈，一愁莫展：这么大的西瓜，抱一个已经够沉的了，两个是没法抱住的。"宝贝，那你怎么不把第二个抱住呢?"妈妈追问。君兰愣住了，不知如何才能同时抱住两个大西瓜。妈妈摸摸君兰的头，笑着说："哎，你不能把手上的那个放下来吗?"君兰这才缓过神来，是呀，放下手中的这个，不就能抱上另一个了吗?

于是，君兰照妈妈说的这么做了。妈妈语重心长地说："这两个西瓜总得放弃一个，才能获得另一个。工作也同样如此。如何取舍，就看你自己怎么选择了。"君兰顿悟，最终她考虑到这家公司很有发展潜力，近些年新推出的产品在市场上均十分走俏，对自己将来的发展也颇有利，于是她选择了应聘，放弃了培训。后来，君兰如愿以偿地成为了那家跨国公司的职员，顺利

地展开了自己的职业生涯。

人的欲望像无底洞，往往什么都希望能兼备。君兰也是如此，希望工作和培训兼得。但现实却是矛盾的，因此，君兰妈妈用鲜活的例子教会了她“放弃”。人生中该适当放弃时就要放弃，切不可让得到的也成了另一种意义上的失去，只有这样，你才能学会珍惜。

我们都知道，计算机中的回收站是要经常清空的，否则会占用过多的空间，影响计算机的运转速度。三十几岁女人的人生也是如此，你不能扔掉一切，但你也不能保留。聪明的女人应该既善于保留，又更善于舍弃。要明白幸福是既需要用眼光去辨别的，也更需要勇气去放弃。

三十多岁的小萍有一份令人羡慕的职业，收入稳定，前途无忧，而且家庭也非常和谐。忽然有一天，她向单位说辞职不干了，理由是上学深造。她坦言辞职是为了更好的将来。她说，当下市场竞争越来越激烈，知识的折旧远比固定资产快得多，不断学习新知识是让自己处于职场优势的最佳途径。同时，她也承认，这种放弃是十分困难的，毕竟如今的工作薪水相当不错，而辞职则意味着暂时没有收入。她说，其实很多女人在职业生涯中都会遇到这种情况，当事业发展到一定阶段，会陷入一种无法突破的怪圈，如果你想有所改变，知识无疑是最有力的工具。基于这些想法，她便毅然辞职，选择了继续深造。

生活中，总有许多东西诱惑着三十多岁的女人，在一程又一程前进的旅途中，你要学会放弃，才能发现不同的风景，享受不同的快乐。小萍便是这样一个睿智的女人，相信她未来的生活会更加精彩。

背负太多欲望的三十多岁女人，会让自己疲惫不堪，只有适当地放弃，才能得到真正的快乐。人并不可能总是拥有全部幸福，当你身处苦日子时，同样如是。逃避不一定躲得过，面对也不一定最难受；得到不一定能长久，失去也不一定不会再有。很多时候，当你放弃后才会发现原来事情的答案并不止一个，换个思维，一切就都不一样了。

三十多岁的女人懂得适当放弃，是让你正确地审视自己，充分理解“失之东隅，收之桑榆”的妙谛；三十多岁的女人懂得适当放弃，是你人生旅程的一种超越，让你在苦日子中多一点中和的思想，静观万物，体会生命别样的

诗意；三十多岁的女人懂得适当放弃，是一种胸怀，更是一种升华，能使你的人生更加简洁，让你感受到内心的宁静平衡，绽放成熟的美丽！

※ 忘记烦恼，心态积极，学会苦中作乐

身为三十多岁的女人，在人生中总会经历许多快乐与烦恼。随着社会的发展，竞争越来越激烈，生活节奏也越来越快，这常使三十多岁的女人处于高度紧张状态，烦恼的问题尤显突出和严重。心中烦闷会使人不愉快，若长期积累则容易引起女性身体或心理疾病。

这时候，你应该学会忘记烦恼，只有忘记烦恼，才会看见眼前一片豁然开朗的美景；忘记烦恼，才会寻觅到“柳暗花明又一村”的秀丽；忘记烦恼，才会感受到雨过天晴、春暖花开的清新；忘记烦恼，才会拥有积极的心态，勇敢地面对不期而至的苦日子。

诚然，每人都有烦恼，每家都有难题，恰如俗语所说“家家有本难念的经”。在我们的生活中，尤其在苦日子中，学会忘记烦恼或许十分难做到，但这却是保持快乐人生、良好心态的一个重要方法。

林夏是一家星级宾馆的业务主管，尽管才三十多岁，但她的业务能力非常强。她从一个普通的领班做到现在的业务主管，一步一步走得很不容易，因此，她很珍惜这份工作，也一直很敬业。但现在她却辞职了，因为她没办法同时让上司和丈夫都满意，没办法将家事和工作处理得一样漂亮，因此身陷烦恼之中。

林夏的老公是个出租车司机，非常疼爱她。从婚前到婚后，他都风雨无阻地接送林夏上下班，这也让她一直很感动。但后来，随着林夏职位的升迁，上下班就变得不准时了，还经常有应酬，回家很晚，家务也没法做了，甚至孩子也管得少了。有一次，忍无可忍的老公跑到办公室来当着老板的面指着林夏的鼻子说：“现在是下班时间，你知道吗？我和孩子都没吃饭，你知道吗？那个家对于你来说算什么？”

面对这样的指责,林夏觉得很没面子就主动辞职了。她觉得老公太伤她的心了,尽管老公在极力补救,但对将来,她很迷茫,如果再工作,仍然可能会发生此类情况,她不知道怎么才能协调好。

林夏若想恢复往日的生活,就要学会忘记烦恼,其中最重要的就是要重温快乐,学会感恩。夫妻或恋人相处久了,矛盾自然就会产生,而当矛盾产生时,难免相互指责,甚至变得难以包容。如果能忘记烦恼,多回味一些对方的优点、对自己的关心和爱护,事情就会有很大的改观。再从自身找找原因,多分些精力与时间给丈夫和孩子,那么事业、家庭双丰收就指日可待了。

每个女人的生命都只有一次,在这有限的生命中,你要为记忆释放空间,以留住那些令人快乐、激动的事,品味生命中意想不到的收获,铭记人生中每一丝的感动、悸动,珍惜生活赐予的每一个馈赠。你要不断重温那些能使我们灵魂感到愉悦、受到洗涤,能不断丰富我们精神世界的事情,以增强我们对抗逆境的勇气,感受平凡中的可贵。

在苦日子出现时,三十多岁的女人要学会忘记烦恼,如此,才能减轻自己思想的重负,放下精神的包袱,告别心灵的抑郁,走出情绪的低谷,轻装上阵,重拾阳光般的心情,让苦日子一样蜜、一样甜!

※ 转移注意力,化苦日子为甜蜜时刻

当前,工作频率的快节奏、工作强度的高负荷、工作环境的多变换等让三十多岁女人的日子过得忙忙碌碌。重压之下,一旦遭遇苦日子,就更感如乌云一片盘踞在自己头上。若将注意力过分集中在这片乌云之上,则可能产生不健康的心态,甚至神经质现象,影响自己的工作或生活。

如何改善这种状况呢?最好的方法就是转移对苦日子的注意力。其实,女人的注意力是有限的,当你特别在意某一件事情的时候,往往注意不到其他的事情。所以,从重重抑郁中摆脱出来的方法并不复杂。

敏敏被公司辞退了,非常痛苦。三十多岁的她正是上有老、下有小需要

赚钱的时候。她找心理医生去咨询时，一见到心理医生就哭了，并泣不成声地说："我好惨呀，我多么不幸啊！我怎么养活自己和家人啊？我这一辈子都不知道怎么过了……"心理医生对她说："夫人，被公司辞退是你自愿的。"敏敏吓了一跳，说："你说什么呀？我怎么可能自愿被辞退呢？"心理医生对她说："虽然你只被公司辞退了一次，但你在心里天天都心甘情愿地被公司辞退。算算你一年下来就等于被公司辞退了365次。""这是怎么回事？"敏敏不解地问。"在你身边发生了一件不好的事情，即当你面对苦日子时，你好像看了一场不好的电影一样，天天在回想，这不是很笨的事情吗？这就叫重蹈覆辙，你知道吗？"

所谓在苦日子中转移注意力，简单来说就是改变你脑海中的"电影"。如果你不喜欢这部电影，就不要反复在脑海里播放那些片断了，而应该去选择一部新的、你喜欢的"电影"播放。如此，就可以很容易地改变自己的心态，进而改变自己所处的状况。

小如的一个好朋友深深地伤害了她，让她的工作遇到了很大的挫折，让她陷入逆境无法自拔。她很生气，非常恨这位朋友，甚至想报复。这种心态影响了她的正常生活。于是，她只得去求助心理医生。见到医生后，医生让她先闭起眼睛，说："你现在看到那个人了吗？"她回答说看到了。"你看到她的样子了吗？"医生问。"是的，清清楚楚，看到她我很生气。"小如回答。

"你现在按着我的话去做。你想象她的头突然变大一百倍。你看到那个画面了吗？""看到了。""什么感觉？""很好笑。"

"你再想象这人整个缩小得像个小矮人，跟你膝盖一样高。"医生又说，"你想象这个人歪七扭八变形了，嘴巴变得不像人样了。"接着医生又说，"你现在再把刚才这个画面从头想一遍。"

小如一想到刚才脑海里的画面就觉得很好笑。心理医生便叫她再次"倒带"，"回放"，并快速"回放"一两次，这样一来小如那种很生气的感受一下子变得很好笑。当她把眼睛睁开后，医生问："你现在觉得这个人怎么样？"她说觉得很好笑。医生又问："下一次你见到这个人会怎么样？"她说："以后我再看见她已经不会生气了，我只觉得她像个小矮人一样在我面前变来变去，可笑极了。"于是，小如的忧郁问题彻底解决了，还获得了走出逆境

的方法和勇气，又能积极投入工作了。

当你感到压抑时，不妨适度转移你的注意力，比如像小如一样适度想象，也可以多做点其他的事，比如听听音乐、看看书或唱歌等，还可以多想想自己曾经"呼风唤雨"的辉煌、家人幸福的时刻，以尽快摆脱逆境的阴影。

三十多岁女人的工作、生活总处于不断变化中，人也总是在遗忘—记忆—遗忘这样一种循环中描绘日子。当你身处苦日子时，更要学会"遗忘"，尝试着不给自己的思想留有空余时间而让自己忙碌起来，使自己在忙碌中转移注意力，忘掉痛苦的事情。这样，你才能信心倍增，干劲高涨，勇气十足，慢慢地走出苦日子，重新拥抱希望。

总之，三十多岁女人所遭遇的苦日子并不像青面獠牙的魔女一样让人可怕，我们每个人都曾与其交战过。在你羡慕那些坚韧不拔、百折不挠的生活女达人时，请相信，你也能将苦像擦灰尘那般轻轻抹去，只要你能适当转移自己的注意力，让心中充满阳光，面对困难，能抬起我们不愿屈服的头颅，我们就能笑着对全世界说：命运掌握在我自己手里，我能让苦变为甜！

※ 直面逆境不恐惧，苦日子是难得的历练

三十多岁女人的生活如一望无际的大海，变幻莫测，有时风平浪静，有时波涛汹涌，苦日子的到来往往会让失意与彷徨燃烧着你的每一根神经。遭遇苦日子的确是不幸的事，因为它会带来困难、阻力、苦恼。但切记不要恐惧，因为苦日子同样能使我们磨练意志、砥砺思想。

有这样一段话：在最黑的土地上生长着最娇艳的花朵，那些最伟岸挺拔的树木总是在最陡峭的岩石中扎根，昂首向天。的确，没有山崖的陡峭，哪会有崖下丛林的茂盛；没有岩石的坚硬，哪会有松枝的挺拔；没有风雪的无情，哪会有翠柏的坚韧。所以并非每一次逆境都是灾难。在苦日子中，三十多岁的女性不要恐惧，也不要怨天尤人，要学会克服困难，摆脱逆境，创造自己的美好明天。

宋庆龄是我国坚贞不屈、勇敢忠诚的精神和美的象征，更是我国了不起的杰出女性。著名作家丁玲在献给宋庆龄的一首诗中写道："诗人写过傲霜的秋菊，秋菊经受的风风雨雨，怎能与您的一生相比。几十年来，您都在风雨中亭亭玉立。"如诗般的语言把宋庆龄一生在风风雨雨的逆境中奋斗的形象真实地呈现在了我们眼前。

宋庆龄一生多半是在苦日子中度过，她的许多丰功伟绩都是在身处逆境的奋进中取得的。宋庆龄坚决与孙中山结为革命伴侣，是她一生中做出的第一个惊人抉择，也是她一生中遇到的第一个逆境。她不惧怕这一逆境，并在其中奋力抗争，冲破世俗偏见，表现了最坚强的自我奋斗精神。1925 年孙中山的逝世对她而言是一个沉重的打击，使她陷入人生中另一个重大的逆境。为了继承并捍卫孙中山的伟大理想和革命事业，她再一次做出重大的抉择：不去依靠孙中山的尊荣与威望过豪华舒坦的生活，更不坐享富裕家庭给她带来的荣华富贵，而是选择了充满着无数风险和复杂斗争的道路。在大革命失败后，神州大地处于血雨腥风、天昏地暗的漫漫长夜，这是宋庆龄一生中所遇到的第三个逆境。她在这个逆境中，经历时间之长，所受压力之大、磨难之多、风险之大，是前所未有的。在这个逆境中，宋庆龄表现出了刚毅坚强的风貌，气贯长虹的浩然正气，不惧暴力，藐视权贵，富贵不淫，威武不屈，对蒋介石的威胁利诱软硬不吃，坚定地走自己的道路，堪为百世楷模。

晚年，宋庆龄在"文化大革命"时期遭受迫害，这也是她一生中最后一次身处逆境。在这个逆境中她度过了最孤寂、最难熬的十年动乱。但她的意志从没有丝毫消沉。特别难能可贵的是，宋庆龄对同处逆境的同志给予了无私的援助。耄耋之年的宋庆龄冲破了逆境后，表现了更旺盛的青春活力。

宋庆龄的一生不断地在苦日子中不懈奋进，她所表现的不惧逆境的人格魅力，是留给我们所有女性的宝贵财富。当面对生活中的苦日子时，不妨丢下恐惧，仰头遥望湛蓝的天空，让沁人心脾的蓝色映入心田，再觅一块软软的草地躺下，任由阳光在脸上跳跃，让微风拂过慌乱疲惫的内心，寻求一片安宁。

人生中的苦日子对三十多岁女人而言是一种难得的历练。请不要害怕，逆境往往是好的开端，所以不要被逆境吓倒。如果应用乐观的态度将之想象成理所当然，那么困难就会变成顺利的前奏。如此，你便可以不断地超越、不断地挑战自我，即使远方还飘渺得遥遥无期，但只要打开心灵之窗，让明媚的阳光和皎洁的月光涌进来，赶走恐惧、无助，唤醒勇敢的心，就能奏响一支永不熄灭的生命之歌、甜蜜之歌！

※ 意外不可避免，好心态乐观应对

在女人的一生中，意外总是不可避免的，即使你再小心谨慎，也常常躲避不了。既然人生中难免遭遇意外，那三十多岁的你不妨提前做好准备，以在意外突然来临时勇敢地去面对。意外变故是难以预测的，但如何面对、采取怎样的态度却能由我们自己做主。

你的人生本来就是由意外构成的，没有人能预测出自己的未来。明天会发生什么，下一步如何走，你根本就无从得知。但你可以在明天到来之前，下一步行走之前，将乐观、积极、快速应变的人生态度当做最重要的法宝装入行囊，武装自己的大脑，让它陪伴我们行走在人生的漫漫长路上，随时准备迎接一切风雨的洗礼、意外的袭击和逆境的到来。

“乒乓皇后”张怡宁的职业生涯中，逆境远比顺境多，“意外”更是家常便饭。但她常说“逆境”比“顺境”让她收获更多。在第48届上海世乒赛上夺得女单、女双两项冠军的张怡宁，在大喜过望之际却“乐极生悲”。在她返回北京队出席队内的训练时发生了意外，不幸磕伤右手。因此，她缺席了第十届全国运动会乒乓球预选赛，北京军团和张怡宁也因此而失去一次全运会金牌的争夺机会。

经历了这次意外，张怡宁懂得了一个优秀的运动员应该如何保护自己。张怡宁打心眼里喜欢打乒乓球，所以虽然很多人觉得训练苦，但她却觉得打球是一种享受，所以能熬得住。她小时候心就特别“大”，一门心思想拿世界

冠军，而她后来出现问题也就出在她的“一门心思”上。在她的成长过程中，技术方面基本没走什么弯路，心态上却出了很大问题。她想拿冠军，却没想过冠军需要一步一步做起，不能一步登天。

张怡宁原本非常有希望参加悉尼奥运会女单比赛，但在吉隆坡世乒赛女团决赛中输给徐竞的一场球改变了她的前进轨迹。受这场球的影响，张怡宁在随后的奥运会预选赛中打得很差，错失了参加悉尼奥运会的机会，人一下子消沉下去了。教练对她说：“如果你还想打下去，只能靠你自己救自己了，这道坎你必须自己迈过去。”但自己迈过去谈何容易？在这之前，张怡宁一直特别顺，没受过这么大的打击。悉尼奥运会预选赛输球后，大约有两三个月的时间张怡宁都一直没缓过劲儿来。她暗自思忖：看别人拿冠军好像挺容易的，到我这儿怎么这么难？

教练后来给她做了很多工作，中间虽然她的思想上也有反复，但最后她还是坚定下来了。她想：“自己这么喜欢乒乓球，决不能轻言放弃。”并决定重新来过。那一年的年底，球队出访欧洲，张怡宁连拿了两站女单冠军，气势又盛了，下决心一定要拿单打世界冠军。2001 年，张怡宁在技术上已经比较出众了，第 46 届世乒赛打得很好，对九运会的女单冠军也胸有成竹，结果在全运会女单决赛中，她在 2 比 0 大比分领先王楠的情况下，又被翻盘，第五局只得了 5 分。她当时是被自己气坏了，最后一个球故意打下网。因为消极比赛，她受到了严厉处罚，不仅全队做检查，而且还被禁赛了三个月。这次风波对她打击也很大。此后，她的成绩又出现了起伏。2002 年，张怡宁获得了世界杯、巡回赛总决赛和亚运会女单冠军。2003 年 1 月份公布世界排名的时候，她第一次排到了首位。2003 年巴黎世乒赛，是她技术和心理状态最好的时候，女单决赛又是她和王楠争冠军，这次她落后 3 盘，又追回 3 盘，最后还是输了。等到年底在香港世界杯输球之后，张怡宁对自己产生了怀疑，夺冠的信念也开始动摇了。

如果一个女人对自己的信念产生了怀疑，那工作就非常难做了。张怡宁那时候就急需一场荡气回肠的胜利把她“激活”。那时主管教练也改变了教学方式，采取“话疗”，而且十次谈话九次是鼓励。整个女队教练组包括总教练蔡振华都做了大量工作，调整她的信念，让她在思想上战胜自己。终

于，她在雅典奥运会上战胜了自己，成就了自己的梦想。

我们常听到俗语说"飞来横祸"，这向我们揭示了某些意外的破坏性与严重性，如张怡宁不幸磕伤右手。但同时，"天无绝人之路"又向我们证明了无论你遭遇何等的打击，何等的伤痛，何等的迷茫，只要你有积极的心态，能勇敢面对，一切就都有希望，张怡宁就是如此实现了最初的梦想。

生活中，各种各样的困难、挫折、意外常常会像尘土般落到我们的头上，若想从中脱身逃开，走向人生的成功与辉煌，办法只有一个：勇敢地面对它们，将它们统统抖落在地、踩在脚下。其实，生活中遇到的一切逆境，都是我们人生历程中的一块块垫脚石，只要能以积极的心态勇敢地面对，我们就成功了一半，再大的意外也终会化为记忆中的一段波澜。

※ 敢于尝试，不断努力，看清人生的意义

女人的一生中，苦日子总会占去一些岁月。在苦难的漫漫荒漠中，散布着痛苦、坎坷、失败、厄运、磨难的沙丘。漫天飘荡的沙粒，孤单落寞的沙堆，没有一丝清凉与绿意的荒漠，都让人不由得沮丧、萎靡，但同时也会让人翻然醒悟，看清自己人生的意义，继而鼓起勇气与逆境作战！

看待苦日子的态度，决定了三十多岁的女人能从中获得什么，获得多少。在他人眼中此处或许是一片灰烬，但对于敢于不断尝试的女人而言，却是凤凰涅槃的开始。命运对于有勇气不断尝试的女人来说，就像是夹心巧克力，颗颗都充满想象的味道。

筠筠觉得自己当下的生活完全是一片黑暗无边的逆境。不但相爱多年的丈夫离开了她，而且一直都没找到合适的工作，还要在异乡漂泊，应付房租和一日三餐。生存的重压让她喘不过气来。她几乎不堪承受这样的压力。在苦日子中，她不断地感慨自己是彻头彻尾的失败者，三十多年白活了。每天清晨一睁开眼睛，她就想要逃避。就在极度沮丧的时候，她想要尝试一些新东西，以便给自己增加一点面对未来的信心和勇气。

这时,她想到了学游泳。于是,她来到了游泳馆。但她既没有游泳常识,又没有约朋友,也没有请教练,她几乎是带着几分自虐似的独自跳进了泳池里。当她的头整个没进水里的时候,她的耳边产生了如雷鸣般的响声。本能地,她的身体向上猛蹿了一下,加上水的浮力,她的头撞在了护栏上,脑袋中产生了更强烈的轰鸣声。初起,她十分慌乱,但还是不肯放弃,还在不断尝试着。可当她再次沉入了水底,水一下子涌过来时,她灌进了几口水。虽然感觉到头晕,但是她疯狂地接二连三地沉入水里,全然不顾自己的生死。她有几分赌气地想,我就不信我在游泳上也是个失败者。正在她不管不顾,拼命挣扎时,一只有力的手拉住了她。筠筠想要挣脱,但是已经耗尽了力气,只好被那只手紧紧地拽着拉到了池边。

"妹子,千万不要这样乱来,多危险啊。"是一位中年女性的声音。在这个远离亲人的城市里,她需要自己独自承担一切,然而,这一声充满关怀的"妹子",让她的泪水夺眶而出。

"屏住呼吸,相信自己,保持心静,放平手脚,水的浮力自然会把你托起来的。不要胡乱扑腾,那只会越来越糟。"筠筠的情绪终于平静下来,她反复尝试后,终于可以自如地游泳了。她发现这不仅仅适用于游泳,同样适用于她目前看似一团糟的生活。

其实,三十多岁女人感受到的苦日子只是一种错觉罢了。如果你认为自己是失败者,那么谁也无法助你成功。但只要放平心态,相信自己能成功,并不断尝试,就能够在人生的逆境中保持自己的稳定。即使是处在生活的角落里,阳光也同样会照进来!

小晴就是如此。小晴在充满鱼腥味的卖场工作,面对现实中的挫折,她不断克服困难,在逆境中挑战自己,始终保持着乐观的心境,寻找着工作的乐趣,努力超越自我,尝试着为自己的人生描绘绚丽的风景。

曾经的小晴和许多三十多岁的家庭妇女一样,希望找到能展示自己才华的工作。然而天不遂人愿,她始终没能找到理想中的工作,那时她觉得生活糟糕透了。终于,迫于生计,她只能到充满鱼腥味的卖场工作。面对这样的现实,她没有抱怨,也没有牢骚满腹,而是不断尝试适应这恶劣的环境,并始终保持微笑地对待每一位顾客,一丝不苟地做好手中的工作。将鱼用包

装袋包好，把周围的环境卫生打扫得干干净净，尽自己最大的努力将鱼腥味去除。

每次顾客掩鼻而走时，都非常惊讶小晴能够始终在这种环境下保持笑容，并感动于她无时不在的微笑。这时，她会自信地告诉他们："面对苦日子的心态是自己决定的，只有不断尝试调整心态才能为自己的快乐而工作，我也是为了自己的将来而在努力工作，现在我的梦想是拥有一个属于自己的卖鱼场。"

小晴的只言片语道出了面对苦日子的态度。三十多岁的女人在工作、生活中，总会遇到这样或那样的问题，让我们或为之萎靡、或为之不安，但只有不断地在逆境中挣扎求存，不断地在逆境中开拓奋斗，不断地在逆境中尝试突破，才会锻炼出坚韧的品质，才能释放令人折服的魅力，尝到人生苦乐的真味！

※ 面对困难积蓄力量，走出自我风采

诚如孟子所言；"故天将降大任于斯人也，必先苦其心志，劳其筋骨，饿其体肤，空乏其身，行拂乱其所为，所以动心忍性，曾益其所不能。"三十多岁女人的生活同样如是。不经历苦日子，就不能到达胜利的彼岸；不经历逆境，就不能看到美丽的彩虹。

三十多岁的女人一路前行自然不可能一帆风顺，总会遇到一些挫折、打击等逆境。问题在于如何看清逆境并认识其真正的价值。女人看清苦日子才能像蝶一般，在沉默了一冬之后，积蓄全身的力量，将飞的梦想变成现实；才能像依米花一般，在经历了五个风吹雨打的严冬酷暑后，爆发自己毕生的心血，将花的芬芳吐露无疑，留给世人惊艳一幕；才能像火凤凰一般，在经历了熊熊烈火的痛苦锤炼后，将不死鸟的神话延续下去……

张海迪 5 岁时患脊髓病，胸部以下全部瘫痪。从那时起，张海迪就开始了不断与苦难作斗争的人生。她无法上学，便在家自学完中小学课程。15

岁时，海迪跟随父母下放到山东聊城农村。在那里，她给孩子当起了教书先生。她还自学针灸医术，无偿为乡亲们治疗病痛。后来，张海迪自学多门外语，还当过无线电修理工。

在残酷的逆境面前，张海迪没有沮丧和沉沦，而是认清命运的残酷，并以顽强的毅力和恒心同疾病抗争。在严峻的考验下，始终对人生充满了信心，她虽然没有机会走进校门，却发愤学习，学完了小学、中学全部课程，自学了大学英语、日语、德语和世界语，并攻读了大学和硕士研究生的课程。1983 年张海迪开始从事文学创作，先后翻译了《海边诊所》等数十万字的英语小说，编著了《向天空敞开的窗口》、《生命的追问》、《轮椅上的梦》等书籍。其中《轮椅上的梦》还在日本和韩国出版，而《生命的追问》出版不到半年，已重印 3 次，获得了全国“五个一工程”图书奖。2002 年，一部长达 30 万字的长篇小说《绝顶》成功出版。1983 年，张海迪在《中国青年报》发表的《是颗流星，就要把光留给人间》让她名噪中华，一举斩获两项美誉——“八十年代新雷锋”和“当代保尔”。

张海迪怀着“活着就要做个对社会有益的人”的信念，勇于用自己的光和热与生命中的逆境作斗争，并在重重逆境中展示了女性的坚韧、顽强和生命的伟大！

如果没有各种各样的磨练，女人就无法抵达自己人生的制高点。只有经历了苦难的洗礼，你的人生才能完整，生命之花才能开放得分外妖娆，苦日子也会过得有滋有味。

20 世纪中国文学史上出现过一位充满传奇色彩的作家——张爱玲。她的小说大多写的是上海没落淑女的传奇故事，而她的身世本身也是一部苍凉哀婉而精彩动人的女性传奇。张爱玲的祖父原是清末名臣，而她的祖母则是慈禧的心腹李鸿章之女。不过，到了她父母这一代，家道已然完全败落。3 岁时张爱玲随父母生活在天津，有一个短暂的幸福童年。受父亲风雅能文的影响，张爱玲从小就会背唐诗，同时也受母亲向往西方文化的影响，生活情趣及艺术品位都是西洋化的。然而好景不长，父亲娶姨太太后，母亲不但勇敢地冲出了家庭的牢笼，还与姑姑一起出洋留学了。年幼的张爱玲，则在失去了母爱之后，还要承受旧家庭的污浊。因此，张爱玲后来在文学创

作中总是以“衰落中的文化，乱世中的文明”作为文化背景。

张爱玲是一个才女。6岁入私塾后，她在读诗背经的同时就开始了小说创作。7岁时，张爱玲随家迁回上海，不久，母亲回国，她又跟着母亲学画画、钢琴和英文。张爱玲11岁进入中学后，母亲再次出国。而张爱玲也更愿意住在学校，很少回家。家庭的不幸使得有家不能归的张爱玲把几乎所有的时间和情感都投入到学习和写作中。张爱玲毕业时，母亲回国，向父亲提出让张爱玲留学英国的要求，遭到拒绝。后母借此与张爱玲发生冲突，父亲歇斯底里地将张爱玲禁闭在家中。张爱玲病在床上，多日无人照顾，几乎丧命。

在困境中终于长成大姑娘的张爱玲再一次接受了命运的考验。她虽然考取了英国伦敦大学，却因为战事激烈无法前往。1939年秋，张爱玲终于时来运转，得到了改入香港大学文学系的机会。此时，《西风》月刊也发表了她的散文处女作《天才梦》。然而，张爱玲仍未能摆脱多舛的命运。1942年，因太平洋战争爆发，日军进攻香港，香港大学停办，张爱玲未能毕业就与她的终生好友炎樱同船返回上海。后报考上海圣约翰大学，又因“国文不及格”而未被录取。于是，为了生存，只得为《泰晤士报》和《20世纪》等英文杂志撰稿。其后，张爱玲在《紫罗兰》上发表了《沉香屑 第一炉香》而一鸣惊人。从此，她一发而不可收，在两年时间里，她在《紫罗兰》、《万象》、《杂志》、《天地》、《古今》等各种类型的刊物上发表了她一生中几乎所有最重要的小说和散文……

在不幸现实的挑战下，张爱玲激流勇进，完成了她文学上一次又一次的飞越，写就了一篇又一篇名垂青史的著作。苦难，使张爱玲的文章别具风味。

苦日子对于女人的一生来说的确有诸多不利，但正如培根所说，“奇迹多是在厄运中出现的”。苦日子中往往蕴藏着巨大的创造奇迹和成就成功的机遇。“不经一番彻骨寒，怎得梅花扑鼻香。”多少三十多岁的女人都是在苦日子的磨炼中成才的。

苦难是所学校，三十多岁的女人能在这里学到丰富的人生知识；苦难是块磨刀石，它能磨砺出三十多岁的女人奋发向上的意志和百折不挠的精神；苦难是每个成功女人都经历过的，她们与之抗争，并取得了胜利，尝到了甜的滋味。

第4章

女人不生病，注重健康享受惬意生活

身体是三十几岁女人的本钱，掌握健康养生的知识非常重要。好身体源自良好的生活习惯、好的心态、好的脾气等，所以女人要学会合理安排自己的生活、工作，适当开展各种运动，尽量避免不健康的生活习惯和工作方式。只有拥有健康的身体，你才能惬意地享受生活，向世人展示自己的智慧和修养。

※ 享受生活，需要放慢脚步

学会几种慢生活的方式，你能更加快乐。

曾有调查显示，身材丰满的女人更容易在职场中获得快乐，这是因为她们身上的“优质脂肪”在一定程度上能提高“快乐荷尔蒙”的分泌速度和强度。因此，三十多岁的女人让自己稍微胖点也无妨。

一天的开始，先让我们试试看慢慢呼吸吧。人类正常的呼吸速度是每分钟16~18次，若你能将呼吸的速度降为每分钟10~12次，舒压效果会十分良好。走路时，请别忘了有意识地将脚步放慢，专心地走路，心无旁骛地用心踏出每一步，就能帮助自己在短时间内从纷乱的心绪中抽离。

吃饭的时候，你可以慢慢夹起食物，定神仔细观察，然后慢慢放入口中，闭上眼，咀嚼20下。每次吃饭至少用一半时间做这个练习，这样不但能使你更好地享受美味，而且更能使你因此而轻松不少。

在工作和生活中，如果你想快速回忆起某件事，只要将眼球左右转动30秒钟即可。眼球水平转动，可以让大脑的左右半球互相沟通，这样能提高记忆力。如果白天上班时听了太多噪声，晚上回家，即使在安静的环境中睡觉，脑皮层神经细胞也会“记录”下你当时听噪声时的心情，作用于你的潜意识，让你睡不着。因此要想拥有一夜好眠，不论何时，只要处在噪声充斥的环境中，请立即带上耳罩。

办公室坏情绪来自同事间的相互传染，愤怒、悲伤、忐忑不安等常见职场负面情绪可通过人与人间的心电感应迅速传播。而且气温越高，传播速度越快。这也是夏天常有“无名火”发生的原因，因此你要尽量远离那些坏心情的同事。

使人平心静气的三项法则为：首先降低音量，继而放慢语速，最后挺直背部。情绪激动时人们通常会身体前倾，从而使自己的脸更接近对方，形成咄咄逼人的气势。而挺直背部、将身体往后靠，不仅可拉大你和别人的距

离，还可使肺部吸入更多氧气，以帮助大脑工作。

在疲劳的状态下，三十多岁的女人最易感到孤独。如果你常常一个人运动，很容易产生轻度抑郁，因此建议你在运动时可去健身房或与闺蜜结伴运动。

大脑劳累过度，氧气供给不足，会令三十多岁的女人出现头胀、思维下降等症状。此时可以张开嘴打个哈欠，这就等于进行了深呼吸，有助于促进脑细胞重新活跃起来。打哈欠后再施以头部按摩，效果会更佳。当你感到疲劳时，将毛巾用冷水浸湿后（冬季用热水）拧干，放于小脑上（枕骨左右两侧），两侧可同时冷敷或左右交替敷，毛巾重复浸水数次，每次进行 3 分钟左右。此举能醒脑、提高反应和思维能力，对高血压引起的头晕也有一定的防治效果。

慢性疲劳容易出现腰背酸痛，长时间坐着办公，很容易出现以上症状。加强对背肌的锻炼有助于缓解以上症状，其方法有多种，现介绍一种较理想的方法——两人互背法。即二人背靠背，两臂相挽，一人将对方背起，慢慢弯腰，然后对方也按此法背起前者，反复多次，这样可使周身血液循环加快，消除因久坐造成的腰部疲劳或疼痛感。

工作一段时间后，可以站立一会儿，先深深吸一口气，然后挺起胸膛，接着呼气并向前屈身弯腰，做 10~20 次，每天做 2~3 次。这样做不仅能松弛颈背肌肉，还可增强肺活量。此外还可以身体直立，向上举起双臂（也可以两臂自然下垂），然后双肩放松，使全身瘫软般地左右摇摆。这个动作可以站着做，也可以坐着做，每次 3~5 分钟。做时双目轻闭，口自然微张，自我感觉舒适就好，可解除周身疲劳和减轻腰背疼痛。

如果感觉眼睛很疲劳，可以双目轻闭，用中指按住上眼睑向上轻提，连做 3 次，再用中指将下眼窝向下按 3 次。做完后，用左右手的中指，从左右外眼角向太阳穴按去，经太阳穴再向耳边按去，反复 3~4 次。最后闭上双眼，用中指轻按太阳穴 10 秒钟即可。这时你会觉得眼睛的疲劳感立刻消除了。

当你出现打瞌睡时，可反复揉摩中冲穴（中指尖正中），左右手交替按揉，出现疼痛感时，便可逐渐摆脱瞌睡的纠缠。另一种方法是：当昏昏欲睡时，用中指或铅笔后端敲打左右眉毛中间处，连敲 2~3 分钟，也有上述效果，还可消除眼睛疲劳。

稍稍放慢一下急匆匆的脚步吧，睁开眼睛欣赏一下周围的景色，闭上眼睛享受一下内心的安逸。

※ 做个睡美人，睡眠质量决定生活质量

早晨睡眼惺松，先不要忙着爬起来，舒舒服服地在床上坐着，挺直后背，闭上双眼，快速地用鼻子呼气和吸气，嘴巴微闭。这个胸部练习应当像拉风箱一样，快速而机械地进行。然后花5分钟，做做俯卧撑或跳跃运动，使心率加快，就能达到理想的锻炼效果。或者你可以对着镜子冲拳100下，感受那种能量积蓄的过程。处于缺水状态的三十几岁的女人，会时常感觉衰惫。清早起来先喝一杯水，做一下内清洁，也为五脏六腑加些“润滑剂”。每天至少喝一升水，不过喝水也不是越多越好。

不吃早餐的女人身高与体重比值偏高，还爱犯困，做事无精打采。每天按时吃早餐的人则精力充沛，体形也相对匀称。最营养健康的西式早餐是：两片全麦面包、一块熏三文鱼和一个西红柿。全麦面包含有丰富的碳水化合物和纤维；西红柿的番茄红素有利于骨骼的生长和保健；三文鱼中丰富的ω-3脂肪酸和蛋白质对身体更加有益。如果你体内铁的储存量太低，身体就不能制造血液中运载氧气所需的血红蛋白，人就容易觉得累。最好的补铁办法是通过食物补充。含铁质丰富的食物有动物肝脏、肾脏、瘦肉、蛋黄、鸡、鱼、虾和豆类。你可以常吃些花生和葡萄干，这些东西含有大量的钾，你的身体需要钾将血液中的糖转化为能量。另外，坚果也不错，它富含碳酸镁，缺乏碳酸镁会使身体产生大量乳酸，而乳酸易使人产生疲劳感。

午餐后，身体的睡眠因子成分增多，是最容易犯困的时候，此时喝一小杯咖啡效果最好，当然喝茶也行。不过，20分钟左右的小憩是最理想的，它其实跟午睡一小时的作用没什么差别。一个小时对大多数人来说有点长了，中午睡得太沉可能会导致晚上睡不好。

如果工作中碰到难题，一时半会儿又没法解决，不如稍事休息，如去倒杯茶，换换脑筋，然后接着干。当你觉得累得快透不过气来时，不妨深吸一口气(数3下)，然后呼出来(数6下)，或者翻翻体育杂志、上网浏览一下娱乐八卦、找同事聊聊，说不定灵感在不经意间就来了，工作效率也会变高。不要总想着把某项大工程一气做完，结果让自己非常辛苦。不妨把大工程拆成若干个小工程，一样一样地做，时不时休息一下，这样，既保存了体力，又能提高工作效率，最终还能加快工作进度。站着打电话能借机舒展舒展筋骨，深呼吸则能使富含氧气的血液流进大脑，这个简单的变化能让你几个小时都保持精神旺盛。

俗话说，“笑一笑，十年少”。笑能锻炼面部肌肉，改善三十几岁女人面部的血液循环，从而提高注意力。每天保持愉悦心情的人更健康，罹患心血管病、糖尿病的风险也会大大降低。内向、害羞的人在工作中更容易觉得累，而外向的女人精力更足。这是因为外向的人爱跟人交谈，善于发现乐趣，把自己的烦恼、压力及倒霉事一股脑说出来，就不会觉得累和无聊。相反，喜欢安静、独处、不爱社交的女人缺乏这种纾解压力的渠道，时间长了，必然会感觉不堪重负。乐观、精力旺盛的朋友或同事人见人爱，他们积极的情绪总能感染周围的人。所以，三十几岁的女人不仅要和聪明有才华的人交往，更要和那些充满热情、积极向上的人交朋友。跟一个悲观、喜欢抱怨的人一起待上30分钟，你的能量也会被间接损耗。

愤怒和敌对情绪在冬天比较多，而在夏天比较少。晒太阳能提高大脑血清素的含量，改善心情，为身体充电，你不妨多争取一些晒太阳的机会。哪怕再忙，你也要坚持锻炼，或跑步、或健步走、或游泳。你要是对自己体力过于自信，以为年轻就是本钱，不会那么轻易倒下，那将来可是一定会后悔的。强壮的背部能让你工作起来比别人更轻松，不会觉得太累。锻炼背部最有效的方法是用划桨器，但要注意姿势得正确：脚放平，膝盖微屈，双桨恰到好处地停在胸部。

放些香料在家里，尤其是迷迭香、薄荷和姜，可以提神醒脑，增强记忆力，并且能治疗头痛、偏头痛。多睡60分钟的提神功效等于喝两杯咖啡，所以你要尽量每天早睡一小时，而不是周末拼命睡懒觉，否则生物钟被打乱，

总会感觉晕乎乎的。酒精让你产生蒙蒙睡意，但是睡前喝酒反而会因兴奋影响睡眠，虽然闭着眼，眼球却在不停地转。你要牢记睡前两小时不喝酒，晚餐啤酒最多只喝一两杯，别忘了睡前 4 小时内不要喝咖啡，免得过于兴奋睡不着。

如果你在睡前回忆不愉快的事，那脑神经细胞会产生负面情绪，这种情绪可能会影响你的睡眠质量，甚至导致失眠。因此建议你睡前一定多想些高兴的事，或者在洗澡时大声唱歌。这样能促进身体释放足量内啡肽，从而产生快乐与幸福感，并能有效减轻压力，让正面情绪带你迅速进入浅睡眠。留意一下自己是否有磨牙症。磨牙症是由于无力表达情绪而发生的生理现象，磨牙症者的悲观情绪通常比较严重。如果你突然多了夜间磨牙的习惯，那可要好好关心一下自己了。减少点压力，慢慢地享受生活，让自己活得更开心一些吧。

※ 女人要注意，别让电话伤害你的耳朵

有很多人喜欢躲到建筑物的角落接听电话，以为那里比较安静或不会打扰到别人。而一般情况下，建筑物角落的信号覆盖比较差，因此会在一定程度上使手机的辐射功率增大。同样的，身处电梯等小而封闭的环境时，也应慎打手机。当手机信号变弱时，许多人会本能地将手机尽量贴近耳朵。但根据手机的工作原理，在信号较弱的情况下，手机会自动提高电磁波的发射功率，使得辐射强度明显增大。此时把耳朵贴近，头部受到的辐射就会成倍增加。

手机的辐射范围是一个以手机为中心的环状带，手机与人体之间的距离决定了辐射被人体吸收的程度。因此，人与手机需要保持“距离之美”。心脏功能不全、心律不齐的人尤其不能把手机挂在胸前。

手机如果常挂在腰部或腹部旁，可能会影响生育机能。较为健康安全的方法是把手机放在随身携带的包中，并尽量放在包的外层，以确保良好的

信号覆盖。手机拨出电话而未接通时，辐射会明显增强，此时应该让手机远离头部，间隔约五秒钟后再通话。

长时间的连续辐射可能会使脑部受到影响，所以不宜用手机长时间通话，可考虑改用固定电话或者使用耳机。如果不得不长时间用手机直接通话，也应每隔一两分钟轮换左右耳接听。长时间过度倾侧或伸展颈部可导致缺血性中风，且接电话的那一侧面部容易生痤疮。

一些人在打手机时会不自觉地踱方步、频繁走动，却不知频繁移动位置会造成接收信号的强弱起伏，从而引发不必要的短时间高功率发射。此外，在行驶的车上打手机时，手机有可能会为了避免过于频繁的区域切换，而指定覆盖范围更广的大功率基站提供服务，其发射功率则会因传输距离的增加而提高。

那么手机的正确使用方法有哪些呢？

首先，通话期间或收发短信时不要一边按键一边取用其他物品，特别是不要取用食物，以免病从口入。同时尽量不要把手机借给别人使用，避免病菌交叉感染。最好每周都能用蘸有医用酒精的棉签轻轻擦拭手机的键盘、屏幕和其他部分，也可以去手机客服通过紫外线或者臭氧等方式进行清洁。通话时，手机与身体至少保持 5 厘米的距离。睡觉时，不要把手机放在枕头旁边。如果要放，也要保证是关机状态。通话时，有规律地变换身体朝向。这样会分散身体所遭受的辐射。多发短信少打电话，这样会减少手机与头部的接触时间。

想要健康生活，就要从点滴做起哦！

※ 掌握健康智慧，女人永远年轻

想永远年轻是每个女人的愿望，掌握以下健康智慧，相信你能永远青春亮丽。

早晨醒后，大脑并没有马上进入正常的兴奋状态，而是由抑制状态向兴

奋状态过渡，如此时突然醒来并强行起床，常会感到头晕、头部胀痛、血压不稳。早上醒来可以不必着急起床，让大脑神经活动重新调整，等自己彻底清醒过来再起床。在时间和条件允许的情况下，早晨哪怕已起床并做了一些事，但还是很困时，可以睡个“回笼觉”，保证自己一天精力充沛，让自己能更快乐地享受生活。

早餐对于健康起着重要作用。人处于睡眠状态时，新陈代谢的速度会达到最低。随着清晨的苏醒，新陈代谢会逐渐回复正常水平。醒来后越早吃早餐，新陈代谢的速度就提高得越快。如果你是个晨练爱好者，应该运动后再吃早餐。茶或咖啡不可代替早餐。燕麦片拌水果，或是一个熟鸡蛋和一碗粥、几片面包，都是早餐不错的选择。如果你来不及吃早餐，应事先准备好一个粗粮面包、一点水果带到办公室。饿的时候，就能随手取到一份强力早餐，为工作及时“加油”。面包涂蜂蜜也是不错的早点，要用深暗颜色的蜂蜜，而不要用浅色的蜂蜜。据美国一项研究发现，深暗色的蜂蜜，例如森林蜂蜜，对人体健康特别有益，因为它含有丰富的抗氧化作用的保护细胞的物质，并能预防心脏循环系统的疾病。

把日常锻炼分为两部分，例如：清晨 20 分钟的力量锻炼，晚饭后半小时的散步，新陈代谢的速度将会增大一倍。分阶段锻炼比一次性锻炼更容易消耗热量。每小时抽出 5 分钟的时间随便走走，同样会有收效。

一天喝三杯酸奶的人会比没喝酸奶的人多消耗 60% 的脂肪。是什么让酸奶变得如此神奇？答案是酸奶里丰富的钙离子。它充当着催化剂，使身体能更快地燃烧脂肪。酸奶搭配豆腐、蔬菜、谷类食品食用，会更好地发挥效用。

人每天大约有 1/3 的时间在睡眠中度过的。睡个好觉，会让你感到神清气爽，充满活力，相反则无精打采，神不守舍。对于三十多岁的女人来说，睡眠除了与健康密切相关外，还对美容养颜起着关键作用。选择最佳的时间，养成合理的睡眠习惯，往往会收到事半功倍的效果。

每天睡 5~6 小时的人，比平均每天睡 7~8 小时的人体重要重。因为当正常睡眠时间被剥夺时，身体会产生大量的抗压激素，以减缓新陈代谢的速度，同时第二天的食欲也会增强。如果早晨必须 7 点起床，前天晚上最好在

11点左右就寝。临睡觉前不要看电视,可以泡个热水澡,或者读本不错的小说。

“美容觉”的时间是晚上10点至次日凌晨2点。研究表明,从午夜至清晨2点,人表皮细胞的新陈代谢最活跃,皮肤细胞会再生,肌肤进行自我调整。此时若熬夜将影响细胞再生的速度,导致肌肤老化。所以,睡“美容觉”对保持脸部皮肤的娇嫩很有效,胜过许多大牌护肤品。

“子午觉”指的是子时(晚上23点到凌晨1点)和午时(中午11点到下午1点)这两段时间的睡眠。据《黄帝内经》的睡眠理论,子时阴气最盛,阳气衰弱,此时睡眠效果最好,睡眠质量也最高。午时阳气最盛,阴气衰弱,“阴气尽则寐”,所以午时也应睡觉。不过午休“小憩”最长半小时即可,否则会影响晚上的睡眠。多睡子午觉,不失为保持健康的好方法。

在瘦身过程中,关键不是摄入纤维素的量,而是何种纤维素可在消化过程中起到最好的催化脂肪消耗的作用。科学家通过对被实验对象胰岛素指标的观测,来研究纤维素在减肥过程中所起的作用,结果是:经常吃健康的,未经加工过的水果蔬菜、全麦面包比那些食用加工过的淀粉食品可以多消耗80%的热量,未经加工的食品中的纤维是直接被人体所吸收,而加工过的纤维却是分解成糖分被人体所吸收的。

※ 不良姿势,女人的美胸杀手

乳房是三十几岁女人最脆弱的部位,较容易受到疾病的侵袭。就连不良的姿势都不利于胸部健康。例如驼背会压迫胸部组织,时间长了,就会影响到胸部的健康。所以,应该保持昂首挺胸的姿势。很多女性经常将双臂抱于胸前,这种姿势会加重胸部负担。应该放松地将两臂自然垂放于身体两侧,常伸伸懒腰,有助于改善胸形。

很多女人往往会不由自主地塌腰,从而增加了腰椎的负担,阻碍了血液循环,进而影响到胸肌的发育。所以女性要经常直直腰,累了靠墙站立几分

钟,会让你的胸部舒畅。女性伏案时,经常会忽略乳房的保健,所以很多人会出现乳房闷胀刺痛、胸背肌组织酸涩及难以名状的腋下不适等症状,这些症状日趋增多,对女性乳房的健康危害甚大,因此必须及早预防。

乳房护理过程中也有些禁忌是需要三十多岁女人注意的。例如应尽量少趴着睡觉,最好采取仰卧微向右倾的姿势,不然会严重压迫胸部,使乳房下垂或凹陷。

乳房受外力挤压会产生两大弊端:一是乳房内部软组织易受到挫伤,或引起内部增生等,二是受外力挤压后,较易改变外部形状,使上耸的双乳下塌下垂等。

选择合适的乳罩是保护双乳的必要措施,切不可掉以轻心。要选择型号适中的乳罩,应做到以下三点:佩戴乳罩不可有压抑感,即乳罩不可太小,应该选择能覆盖住乳房外沿的型号为宜;乳罩的肩带不宜太松或太紧,其材料应是可少许松紧的松紧带;乳罩凸出部分间距适中,不可距离过远或过近;另外乳罩的制作材料尤其是里料最好是纯棉,不宜选用化纤织物。

女性乳房的清洁十分重要,长时期不洁净会引发炎症或造成皮肤病。因此必须经常清洁乳房。乳房周围微细血管密布,受过热或过冷的浴水刺激都是极为不利的。如果选择坐浴或盆浴,更不可在过热或过冷的浴水中长期浸泡,否则会使乳房软组织松弛,也会引起皮肤干燥。

饮食可控制身体脂肪的增减,营养丰富并含有足量动物脂肪和蛋白质的食品,可使身体各部分储存的脂肪丰满。乳房内部组织大部分是脂肪,乳房内脂肪的含量增加了,乳房才能得到正常的发育。有些女人,一味地追求身材苗条,不顾一切地节食,甚至天天都以素菜为主,结果使得乳房干瘪无形,那么其他养护措施也就于事无补了。

适当做些丰乳操,轻度按摩可使乳房丰满。做丰乳操是实施乳房锻炼的措施之一,这对于乳房组织已基本健全的女性是十分重要的。实际上,锻炼本身并不能使乳房增大,因为乳房内并无肌肉。锻炼的目的是使乳房下的胸肌增长,胸肌的增大会使乳房突出,看起来乳房就大了。

丰乳膏一般都采用含有较多雌性激素的物质,涂抹在皮肤上可被皮肤慢慢地吸收,进而使乳房丰满、增大。短期使用一般没有什么大的弊病,但

如果长期使用或滥用,轮换使用不同类的丰乳膏,就会带来以下不良后果:引起月经不调,色素沉着;产生皮肤萎缩变薄现象;使肝脏酶系统紊乱,胆酸合成减少,易形成胆固醇结石。因此,一定要慎用丰乳膏,切忌长期使用。滥用雌激素药物如苯甲酸雌二醇、乙烯雌酚等,不但易引起恶心、呕吐、厌食,还可导致子宫出血、子宫肥大,月经紊乱和肝、肾功能损害。

女人不可为了一时的美丽而牺牲自己的健康。

※ 民以食为天,吃得好才能生活好

一日三餐,是每天必不可少的。在三餐的饮食分配比例上,一般早餐摄入量占全天摄入食物总量的30%,午餐为40%,晚餐30%为宜。值得注意的是早、晚两餐。早饭最好要保证有一定量的牛奶、豆浆或鸡蛋等优质蛋白质的摄入。蛋白质的摄入既能补充脑细胞在蛋白质代谢上的需要,也能增强大脑皮层的兴奋和抑制作用。

由于晚饭后至次日清晨的大部时间是在床上度过的,机体的热能消耗并不大,所以晚餐要少吃那些富含热量的食品,如米、面食及油脂性食物。对于蔬菜、水果不但不应少吃,相反倒应多吃一些,这样可以保证机体有充分的维生素和无机盐的摄入,对保持女人的体形优美、头脑清醒、思考敏捷是极为有利的。

此外,还要养成按时就餐和不偏食的良好习惯。两餐之间的间隔一般以4~5小时为宜。如果两餐间隔时间太长,容易感到饥饿,以致影响耐久力和工作效率。相反,两餐间隔时间太短,消化器官得不到适当休息,不仅不容易恢复功能,又会影响食欲和消化。千万不能因为工作忙或一味追求体形美而不吃饭或拖延就餐时间。

以下是几个保健食疗方,繁忙的你不妨抽时间试一下,对于缓解疲劳,无其是眼部疲劳有一定疗效。

芝麻枸杞茶

材料：沙苑子 10 克，菟丝子 10 克，黑芝麻 12 克，枸杞子 20 克，首乌 15 克，泽兰 10 克，食盐 10 克。

制法：将原料浸泡 10 分钟，滤去渣，代茶饮用。

功效：明目，主治视力减退。

菠菜护眼汤

材料：猪肝 60 克，菠菜 130 克，食盐、香油各少许。

制法：清高汤 1 升，煎煮约 20 分钟，滤渣留汤。

功效：补肝养血，明目润燥，常食可改善视力，适用于小儿夜盲症、贫血症人群。

枸杞菊花决明子粥

材料：决明子 10~15 克，菊花 10 克，枸杞子 10 克，粳米 50~100 克，冰糖适量。

制法：上述原料煮粥，每日 1 次。

功效：该粥也可在服用时加些蜂蜜，能增加润肠作用，同时有明目效果。

当归川芎明目鸡汤

材料：熟地 5 克，当归 6 克，川芎 5 克，天冬 5 克，枸杞子 5 克，白芍 5 克，菊花 5 克，牛膝 5 克，甘草 3 克，鸡汤 3 碗。

制法：上述药材洗净后用纱布包好，放鸡汤与以上药材共炖 1 小时。

功效：滋补肝肾、养血明目，适于肝肾阴亏、精血不足所致的视力减退者服食。

吃好喝好，三十多岁的女人才能生活得更健康快乐。

※ 告别陋习，女人保持身材不用愁

危害三十几岁女性的十种陋习有：

1.缺乏体育锻炼。这极易造成疲劳、昏眩等现象，引发肥胖和心脑血管疾病。

2.有病不求医。许多职场一族的疾病被拖延，因此错过了最佳的治疗时间。或一些疾病被药物表面缓解了症状从而积累成大病。

3.缺乏主动体检。

4.不吃早餐。随着工作节奏的加快，吃上符合营养要求的早餐已经成为办公室白领的奢求。

5.与家人缺少交流。在缺乏交流、疏导和宣泄的情况下，办公室人群的精神压力与日俱增。

6.长时间处在空调环境中。在上班时，多数人除了外出办事外，几乎一年四季都窝在空调房中，自身机体的调节功能和抗病能力都会下降。

7.久坐不动。有的人的工作习惯是一旦坐下来就轻易不站起来。久坐不利于血液循环，会引发很多新陈代谢和心血管疾病。此外，坐姿长久固定，也是颈椎、腰椎发病的重要因素。

8.不能保证睡眠时间。多数人经常不能保证 8 小时睡眠时间，还有的人会经常失眠。

9.面对电脑过久。过度使用和依赖电脑，除了辐射外，还使眼病、腰颈椎病、精神性疾病在办公室群体中十分普遍。

10.三餐饮食无规律。有的人不能保证按时进食三餐。据统计，能确保三餐定时定量的人数不满半数。

对经常坐办公室的三十多岁女人来说，只要戒除以上陋习，其实保持身材并不难。下面我再教大家一些健身操的做法：

首先正坐在座位上，单臂下垂，另外一只手臂竖直向上。双臂向相反方向抻拉，直至背部略微有挤压感，重复 8 次。然后恢复正坐，左腿放在右腿膝盖上，右手扶住左膝，左手扶椅背做向左转体的动作，转体到最大限度后，保持一秒钟返回，交换方向重复。上述动作重复 10 次。与椅面呈“触而不压”的半蹲状能保持双腿肌肉紧张，同时双手扶住腰部，向正前方偏上的部位顶起全身。完成上述整个动作不要超过 45 秒。再呈自由站立姿势，双手置于身体两侧裤线处，目视前方，保持臂膀静止，以相同频率抖动手腕。完成上述整个动作不要超过 30 秒。最后，取站立或正坐姿势皆可，双手抱头至颈后，保持双臂静止，用背部的力量使两侧背肌夹紧，重复这个动作，约 45

秒钟。

这些运动能让身处办公室的你得到锻炼,有益于你摆脱多余的脂肪,恢复健美体形。

※ 减肥有度,健康比身材更重要

好身材固然重要,但三十多岁的女人也别为减肥犯傻哦!

早餐是三餐中最重要的,千万别不吃早餐。经过一个晚上,我们的肠胃早就饥肠辘辘了。这时身体急需要营养,如果不吃早餐,那么午餐的时候会吃得更多。相同的道理,如果不吃午餐,当晚上回到家时,你会抓起食物就往嘴里塞,一下子给肠胃增加很大的负担。有些女人节食喜欢选择方便快捷的速冻食品。这些食品虽然能为人体提供一些蔬菜、蛋白质等营养,但很多都营养单一,而且普遍都含有防腐剂和其他人造制剂等。吃太多的加工食品则会导致人体缺乏纤维素和抗氧化剂。

瓶装果汁的确含有维生素,但是不要忘了果汁含有大量糖分,而且热量极高。一些廉价低质的果汁还含有人造色素和过量人造糖分,所以最健康的选择还是不要喝果汁,改为直接吃水果。

偶尔吃零食也应选择一些健康的食品,如水果或其他营养成分高的食物。但是像薯片、饼干等就要节制了。嘴馋的女人,很有可能一天只吃点饼干、薯片之类,摄入的热量就已经超过 500 卡路里了。这么多的热量要消耗掉,要做很长时间的运动。

有些三十多岁的女人以为喝无糖汽水就是健康的了。事实是你摄入的糖分和卡路里确实有所减少,但是无糖汽水对身体并无益,只会喝进一大堆人造香料和色素。最好的选择还是白开水或茶。

虽然能量食品被销售者标榜为健康食品,而且标价比一般的糖果、饼干等都要高。但绝大多数都是高热量的食品。同样的道理,运动饮料也含有大量糖分、人造色素和人造香料。

脂肪并不是人类的敌人。事实上,脂肪是人体功能发挥正常的必需物质。脂肪也有健康和不健康之分。一般煎炸食品、人造黄油等含有的脂肪都是不健康的。鳄梨、橄榄油、鱼中含有的不饱和脂肪都是健康的,可以多吃。

不要一次吃太多的面食。面食含有很多的碳水化合物,但是很多人还是照吃不误。如果面食是全麦的,那比白面粉做的要健康得多。但即使这样也要适量,因为其中的碳水化合物会导致血糖浓度突然提高,使体内胰岛素含量升高。

上面提到的很多误区都是减肥的"傻方法",三十多岁的女人切不可犯傻,让自己越减越肥哦!

※ 有效防辐射,女人工作顺畅无忧

在现代的工作环境中,辐射可谓是无所不在。三十多岁女人要特别注意防辐射,让自己的工作环境和身体状况更健康一些。

上班前,你要先做好护肤隔离,如使用珍珠膜。独特的"南珠翠膜"可以在肌肤上形成一层 0.001 毫米厚的珍珠膜,它可以有效防范污染环境的侵害和辐射;其次,使用电脑后,脸上会吸附不少电磁辐射颗粒,要及时用清水洗脸,这样能将使所受辐射程度减轻 70%以上。

对于生活紧张而忙碌的女人来说,抵御电脑辐射最简单的办法就是在每天上午喝 2~3 杯绿茶,吃一个橘子。茶叶中含有丰富的维生素 A 原,它被人体吸收后,能迅速转化为维生素 A。维生素 A 不但能合成视紫红质,还能使眼睛在暗光下看东西更清楚。因此,绿茶不但能消除电脑辐射的危害,还能保护和提高视力。如果不习惯喝绿茶,菊花茶同样也能起到抵抗电脑辐射和调节身体功能的作用。此外,螺旋藻、沙棘油等也具有抗辐射的作用。注意要酌情多吃一些豆芽、西红柿、瘦肉、动物肝等富含维生素 A、维生素 C 和蛋白质的食物。

在电脑前工作久了,女人们会容易觉得眼睛干涩疼痛,所以,吃些香蕉

很有必要。香蕉中的钾可帮助人体排出多余的盐分，让身体达到钾钠平衡，缓解眼睛的不适症状。此外，香蕉中含有大量的β-胡萝卜素，当人体缺乏这种物质时，眼睛就会变得疼痛、干涩、眼珠无光、失水少神。多吃香蕉不仅可减轻这些症状，还可在一定程度上缓解眼睛疲劳，避免眼睛过早衰老。

此外，你可以在电脑旁放一盆仙人掌，它可以有效地吸收辐射。操作电脑时最好在显示屏上安一块电脑专用滤色板以减轻辐射的危害。室内最好不要放置闲杂金属物品，以免形成电磁波的再次发射。使用电脑时，要调整好屏幕的亮度。一般来说，屏幕亮度越大，电磁辐射越强，反之则越小。不过，也不能调得太暗，以免因亮度太低而影响视觉效果，造成眼睛疲劳。

中午午休时，如果在电脑前趴着睡觉要记得把电脑关机，而不能只是把屏幕关掉而已。因为只把屏幕关掉是无法杜绝辐射的。很多时候我们都是在电脑前趴着就睡着了，头直接对着电脑，容易诱发老年痴呆症或脑瘤。另外还应注意室内的通风。电脑的荧屏能产生一种叫溴化二苯并呋喃的致癌物质。所以，放置电脑的房间最好能安装换气扇，倘若没有，上网时尤其要注意通风。

记住，电脑的摆放位置很重要。尽量别让屏幕的背面朝着有人的地方，因为电脑辐射最强的是背面，其次为左右两侧，屏幕的正面反而辐射最弱。电脑与人的间距以能看清楚字为准，至少也要有50厘米的距离，这样可以减少电磁辐射对人的伤害。

千万别忽视电脑的辐射，日积月累之下，你的健康指数会受辐射影响直线下降的。

※ 调整好生物钟，保养身体事半功倍

晒太阳养生的最佳时间是上午8时至10时和下午4时至7时，此时日光以有益的紫外线A光束为主，可使人体产生维生素D，从而增强人体免疫系统的抗痨和防止骨质疏松的能力，并减少动脉硬化的发病率。

饭前1小时是吃水果的最佳时间。因为水果属生食，吃生食后再吃熟

食，体内白细胞就不会增多，有利于保护人体免疫系统。

用餐1小时后是饮茶养生和散步锻炼的最佳时间。不少人喜欢饭后马上饮热茶，这是很不科学的。因为茶叶中的鞣酸可与食物中的铁结合成不溶性的铁盐，干扰人体对铁的吸收，时间一长可诱发贫血。饭后45~60分钟，以每小时4~8公里的速度散步20分钟，热量消耗最大，有利于减肥。如果在饭后两小时后再散步，效果会更好。

饭后3分钟是漱口、刷牙的最佳时间。因为这时，口腔内的细菌开始分解食物残渣，其产生的酸性物质易腐蚀、溶解牙釉质，使牙齿受到损害。

13点是午睡的最佳。这时人体各项感觉变得迟缓，很容易入睡。晚上则以22点至23点上床为佳，因为人的深睡时间在24点至次日凌晨3点，而人在睡后一个半小时即会进入深睡状态。

傍晚是锻炼的最佳时间。原因是人类的体力发挥或身体的适应能力均以下午或接近黄昏时分为最佳。此时，人的味觉、视觉、听觉等感觉最敏感，全身协调能力最强，尤其是心律与血压都较平稳，最适宜锻炼。

每天晚上睡觉前来一个温水浴（水温为35~45℃），能使全身的肌肉、关节松弛，血液循环加快，帮助你安然入睡。

晚上睡前是进行美容护肤和喝牛奶的最佳时间。因为皮肤的新陈代谢在24点至次日凌晨6点最为旺盛，因此此时美容效果最佳，能起到促进新陈代谢和保护皮肤健康的功效。因牛奶中含有丰富的钙，应睡觉前饮用，可补偿夜间血钙的低落状态从而保护骨骼。同时，牛奶有催眠作用。

掌握好时间调整好自己的生物钟，保养身体才能事半功倍。

※ 懂点护腰、颈小常识，拥有健康惬意的生活

腰、颈对三十多岁的女人来说，重要性非同小可。现在就教大家一些保养腰、颈部的小知识。

女人在操作计算机时，上半身应保持颈部直立，使头部获得支撑，两肩

自然下垂,上臂贴近身体,手肘弯曲呈 90 度。操作键盘或鼠标时,应尽量使手腕保持水平姿势,手掌中线与前臂中线应保持同一直线。腰部挺直,膝盖自然弯曲呈 90 度,并维持双脚着地的坐姿。同时,将电脑屏幕中心位置安装在与操作者胸部的同一水平线上,最好使用可以调节高低的椅子。应有足够的空间伸放双脚,双脚着地,双脚不要交叉,以免影响血液循环。

此外,必须选择符合人体工学设计的桌椅,使用专用的电脑椅,坐在上面遵循“三个直角”:电脑桌下膝盖处形成第一个直角,大腿和后背是第二个直角,手臂在肘关节形成第三个直角。肩胛骨靠在椅背上,双肩放松,下巴不要回收贴近脖子。两眼平视电脑屏幕中央,眼睛与电脑显示器形成微向下注视荧光屏的角度,这样可使颈部肌肉得到放松。座椅最好有支持性椅背及扶手,并能调整高度。

操作电脑每隔一小时应休息 5~10 分钟,做做柔软操或局部按摩,同时养成规律的运动习惯,针对肩颈、上肢进行拉筋及肌力训练,以增加柔软度及肌力。日常生活中,还要进行一些适合的运动,例如放风筝和游泳。放风筝时,挺胸抬头,左顾右盼,可以保持颈椎、脊柱的肌肉张力,保持韧带的弹性和脊椎关节的灵活性,有利于增强骨质代谢,增强颈椎、脊柱的代偿功能,既不损伤椎体,又可预防椎骨和韧带的退化,实在是老祖宗留给我们防治颈椎病的一个好方法。游泳时,因为头总是向上抬,颈部肌肉和腰肌都能得到锻炼,而且人在水中没有任何负担,也不会对椎间盘造成损伤,算得上是比较惬意的锻炼颈椎的方式。

三十多岁的女人要坚持每天做一套舒缓体操:先自然站立,双目平视,双脚略分开,与肩同宽,双手自然下垂,全身放松。然后,双手叉腰,先抬头后仰,同时吸气,双眼望天,停留片刻。然后缓慢向前胸部位低头,同时呼气,双眼看地。做此动作时,要闭口,使下颌尽量紧贴前胸,停留片刻后,再上下反复做 4 次。动作要旨是舒展、轻松、缓慢,以不感到难受为宜。接着,双手叉腰,先将头部缓慢转向左侧,同时吸气于胸,让右侧颈部伸直后,停留片刻,再缓慢转向右侧,同时呼气,让左边颈部伸直后,停留片刻。这样反复交替做 4 次。

提肩缩颈操:做操前,先自然站立,双目平视,双脚略分开与肩同宽,双

手自然下垂。然后双肩慢慢提起，颈部尽量往下缩，停留片刻后，双肩慢慢放松，头颈自然伸出，还原自然，然后再将双肩用力往下沉，头颈部向上拔伸，停留片刻后，双肩放松，并自然呼气。注意在缩伸颈部的同时要慢慢吸气，停留时要憋气，松肩时要尽量使肩、颈部放松。回到自然式后，再反复做4次。最后，自然站立，双目平视，双脚略分开，与肩同宽，双手叉腰。头部缓缓向左侧倾斜，使左耳贴于左肩，停留片刻后，头部返回中位。然后再向右肩倾斜，同样右耳要贴近右肩，停留片刻后，再回到中位。这样左右摆动反复做4次。在头部摆动时需吸气，回到中位时慢慢呼气，做操时双肩、颈部要尽量放松，动作以慢而稳为佳。

保护好腰部、颈部，三十多岁女人在以后才能有更健康和惬意的生活。

※女人了解点饮食补钙小诀窍

了解下面这些补钙诀窍，对你通过饮食补钙大有好处。

有些三十多岁的女人认为欧美人骨骼强壮是因为爱吃牛肉。事实上，很多吃牛肉甚多的人正是钙缺乏相当严重的人。这是因为牛肉本身的含钙量极低——所有的肉类都是如此。同时，肉里含有大量的“成酸性元素”，主要是磷、硫和氯，它们会让血液趋向酸性，身体不得不用食物和骨骼中的钙离子来中和成酸性元素，因而增加了体内钙元素的流失，减少钙的吸收。所以，缺钙的三十多岁女人应当适当控制肉类的摄入量，不论是红肉还是白肉。

别以为蔬菜里面只有些膳食纤维和维生素，与骨骼健康无关。实际上，蔬菜不仅含有大量的钾、镁元素，可帮助人体维持酸碱平衡，减少钙的流失，本身还含有不少钙。绿叶蔬菜大多是钙的中等来源，如小油菜、小白菜、芥兰、芹菜等，都是不可忽视的补钙蔬菜。

豆腐是植物食品中最好的补钙食品。大豆本身含有不少钙，凝固豆腐的时候还要加入含钙的凝固剂，所以不喝牛奶的人大都会有意识地多吃豆

腐。然而，内酯豆腐却不是钙的好来源，因为其中没有添加含钙的凝固剂，而是使用葡萄糖酸内酯作为凝固剂的。同时，内酯豆腐水分太多，蛋白质和钙含量都很低。除了内酯豆腐，“日本豆腐”也不可用于补钙。从钙含量上来说，豆浆远远比不上牛奶。这是因为，大豆的钙含量虽然不算低，但加10倍水磨成豆浆之后，含量就因稀释而降低了。喝一杯豆浆，不过是吃几十粒豆子而已，其中的钙很少。豆浆对骨骼的真正好处，在于它可以提供植物雌激素，减少三十多岁女人的钙流失。

减肥中的三十多岁女人可能会认为，只要吃水果就可以得到足够的蛋白质和维生素，经常用水果代替一餐饭。实际上，水果是一种有益酸碱平衡的食品，却不是钙的好来源。而且只吃水果会让人严重缺乏蛋白质。而骨骼的形成需要大量的钙，也需要胶原蛋白作为钙沉积的骨架。如果用水果代替三餐，则蛋白质和钙的摄入量都严重不足，只会促进骨质疏松的发生。

别随便喝饮料哦。因为很多饮料中大多含有磷酸盐，而磷酸盐会严重妨碍钙的吸收，促进钙的流失。可乐是其中害处最大者。因为可乐中就含有磷酸。把牙齿和骨头泡在可乐当中，它们就会慢慢地溶化！其中的精制糖也不利于钙的吸收。所以，凡是需要补钙的人，都要严格控制甜饮料的数量。茶水含有丰富的钾离子，其中含磷量低，还有促进骨骼牙齿坚固的氟元素，因而喝茶对骨骼健康是有益无害的。

喝骨头汤的确能补钙，但里面的钙决不会轻易溶出来。有实验证明，在高压锅蒸煮两小时之后，骨髓里的脂肪纷纷会浮出水面，但汤里的钙仍是微乎其微。要想用骨头汤补钙，只有一个方法：加上半碗醋，再慢慢地炖一两个小时。醋可以有效地帮助骨钙溶出。需要注意的是，这时一定不要用高压锅，最好用砂锅来炖，避免在骨头汤中溶出过多的铝。

尽管牛奶中含有大量的蛋白质，但会让体质偏酸而促进钙的流失，其实这话并不完全正确。实际上，牛奶中的蛋白质含量仅有3%而已，水分含量却高达87%。每250克牛奶中含有250毫克以上的钙和丰富的钾、镁，还含有促进钙吸收的维生素D、乳糖和必需氨基酸。牛奶与肉不同，并非成酸性食品，而是成弱碱性食品。所以，牛奶并不会让人体液偏酸，也就不会促进钙的流失。综合评价，牛奶仍是最佳的补钙食品。

第5章 女人谋幸福，完美婚姻需要自己成全

30多岁的女人，已经迈过了青春的门槛，变得成熟而睿智；30多岁的女人，已在社会上摸爬滚打了一段时间，有了属于自己的历练和沉淀；30多岁女人的幸福，不再是轰轰烈烈的爱和令人神伤的情，而是稳定的生活和甜蜜的婚姻。完美的婚姻需要女人有足够的能力来驾驭感情，适当使用一些小手段和小技巧来维持婚姻的完满、保持婚姻中爱情的新鲜感，以及提升自身魅力，这对于此时的女人来说是十分重要的。每个女人都应该深谙此中的道理，活出最幸福的自己。

※ 用幸福心态做幸福女人

三十多岁的女人常常认为的幸福多是一种境界，更是一种心态。很多时候，在婚姻的世界里，我们都无法改变我们不希望发生的事情，或是无法改变对方性格中我们不满意的部分。这时，只能调节自己的心情，用一种更好的心态去面对，才能欣赏、享受美好的爱情。

在婚姻的世界里，有你有我，遥远相望，守候情缘是种幸福；在希望中静静地等待，等待与有情人在一起厮守终生是种幸福；萍水相逢的喜悦，蓦然回首的期待，执手相牵的默契是种幸福。幸福正是女人的一种淡然的心情，也许来自于一个会心的微笑，一句体贴的话语，一个问候的短信，一个拥抱……

娟娟的同事们都说她和她丈夫特别幸福。每天早晨丈夫都会送娟娟上班。一次门卫大爷跟娟娟说“你哥够细心的了，天天送你过来”，这可把娟娟乐坏了。三十多岁的娟娟和丈夫军在一起6年了，丈夫比她大5岁。

娟娟刚参加工作的第一天就遇到了军，后来军成了她丈夫。军对娟娟是一见钟情，说尽了甜言蜜语才追到娟娟，也一直特别依从她，用军的形容就是“像一只小绵羊陪在她身边，任凭她用鞭子轻轻抽打”。他俩都很爱旅游，一有假期就出去玩。城市周边和全国各地都留下了他们的足迹。娟娟怀孕四个月的时候还趁着“十一”假期出去旅游了，军说她怀孕期间脾气不太好，得带她出去玩玩。他们的小宝宝现在两岁大了。

他俩的婚礼刚好碰上难得一遇的“非典”，可谓出现了不少波折。娟娟直言：“那期间酒店都不让举办婚宴了，我们的婚礼地点改了三次，日子改了两次，真是伤透了脑筋。最后我们在酒店举行了简单的婚礼，原定40桌的酒席也缩减到只有5桌，简单庆祝了一下。”不过娟娟也感言，能在这么特殊的时段内举办婚礼，确实让人终生难忘。

说到结婚这些年的感受，娟娟坦率地说：“在一起这么久，也就婚礼那事

儿有点让人头疼,之前之后都是顺顺当当的。有时候朋友们在一起开玩笑,说结婚后很快就‘七年之痒’了。但我们的爱情可没有什么坎。秘诀就是‘用幸福的心态对待婚姻’。结婚这些年了,我们并没有因生活琐事冲淡了感情,反而总是用幸福的心态浇灌爱情,所以我们的感情就像注入了‘保鲜剂’。心态良好,生活才能蒸蒸日上嘛。”

确实,幸福的心态就是婚姻的“润滑剂”。我们所感受到的幸福没有形状,也没有绝对的标准可言。饥渴时,幸福的心态是有一碗粗茶淡饭或一杯清水;贫穷时,幸福的心态是有一顿丰盛的饭菜;困乏时,幸福的心态是有一张床能够躺下安歇……幸福蕴藏在婚姻生活的点点滴滴中,它是来自女人心灵深处的一种感觉,一种触及心灵深处的悸动,而泛出甜美的感受。

正是因为幸福的千姿百态、摇曳生姿,才使得追求幸福的方式也各有千秋,而心态是其中的关键。只要自己觉得幸福,那你就是全世界最幸福的女人。幸福的心态如同你脚上穿的鞋子,有的人看你的鞋子外面又脏又破,可是你觉得穿着很舒服,敝帚自珍,你也会感到很幸福。

琪看着身边和她同龄的姐妹和同事都陆陆续续地搬进了大房子,买上了自己的私家车,频繁出入大型的购物商场,心里十分艳羡。再想想自己和丈夫每个月不多的工资,突然觉得日子过得乏味而难堪,心底难免涌出莫名的不满,一肚子火都不知道该找谁发泄,看什么都不顺眼,做什么都憋气,脸色便越来越难看,心情也越来越糟糕,常常感觉自己是天下最不幸的女人。一天,丈夫突然问她:“你最近怎么了,怎么老不开心?工作不顺利?”在得到否定的答复后,丈夫表示不理解,“那你为什么每天都黑着脸不高兴呢?”她说她觉得不幸福。“那什么才是你想要的幸福呢?”丈夫歪着脑袋认真地问。“你看看别人,有大房子,有私家车,有很多钱,可我们呢?!”丈夫不以为然地说:“你有我和儿子呀!你有我和儿子爱你难道你还不幸福吗?”

一句话便重新唤醒了琪心灵深处的幸福感。是啊,对三十多岁的女人来说,幸福是种心态,只在乎自身的感受,怎么会是如此虚荣和媚俗的东西呢?婚姻生活中不如意之事十有八九,本来就是多味豆,酸甜苦辣尽有,这是现实,我们没有必要过分感伤和抱怨。境由心生,三十多岁的女人要学会把自己的心态调节好,要理性、洒脱和豁达,把幸福的心态变成一种习惯,让

幸福的阳光时时光临我们的人生，分分秒秒都能照进我们的生活。

三十多岁女人的家庭幸福与否，关键在于你的心态。心态好了，一切就都变好了，幸福的心态决定着美好与丑陋、成功与失败、痛苦与快乐。调整好自己的心态，也就调整好了自己的生活、自己的世界。正所谓爱恨一念间，心态变了，天地自然就宽了，爱自然就豁达了，婚姻自然就幸福了。

※ 用快乐心态享受如意婚姻

婚姻对三十多岁女人而言，不仅意味着浪漫与甜蜜，还意味着付出与牺牲、责任与义务、磕绊与碰撞、甘甜与苦难、容忍与尊重。如何描绘你的婚姻生活，是如意还是不满，全在于你的心态。快乐就是一种阳光心态，女人离开了快乐的滋润，婚姻之河将毫无色彩可言。

要做快乐的三十多岁女人，并不需要一切东西都是最好的，只要能满足于自己已有的，一切就足够了；要做快乐的女人，并不需要生命中的一切都一帆风顺，只要能用积极的心态去对待生活，一切就足够了。婚姻生活并非只是一种无奈，而是可以由自身主观努力去把握和调控的，女人有什么样的心态，就会有什么样的生活和命运，而快乐的心态就是调控和谐婚姻的控制塔。

一天晚上，若梅参加了一个饭局，做东的是一个做生意的朋友。一阵寒暄、客套过后，若梅问她一天能赚多少钱，她愁眉苦脸地向大家大吐苦水："这些天生意比较清淡，每天只能挣 1000 元，我和老公为此都吵了好多次架，弄得最近心情一直不好。你说我都三十多岁了，怎么日子还过得这么难啊。"若梅和众人皆很惊讶，此后都是听这位朋友在苦恼地大吐自己的苦水，认为现实与自己的目标太远，婚姻也不如意。

吃过饭后，若梅回到家里，看见刚从街上贩卖小菜归来的丈夫喜气洋洋地在饭桌边数钱，她问丈夫："今天赚了多少钱？"丈夫笑眯眯地说："净赚 25 元。"看着丈夫兴奋的样子，若梅觉得眼睛有点湿，丈夫一天赚 25 元，怎么比

那个轻轻松松一天挣1000元的朋友要快乐得多呢？若梅与丈夫说了晚上的事情，问丈夫为什么比她朋友要快乐得多呢？丈夫说：“老婆，快乐就是我们心中的期望，也是我们的欲望，别期望太高了，期望越高就越不容易得到满足。我每天只期望挣到20元，今天我挣了25元，我的愿望达到了，所以我开心了知足了。人的期望别太高了，期望不高时，只要有一点点达到，自己的目标与理想就都实现了，人也会越过越快乐。”

是啊，快乐的本质并不在于得到多少，而在于心态。决定一个三十多岁女人婚姻如意与否的关键也正是“快乐的心态”。婚姻中总会有各种各样的事情发生，我们都无法预料明天可能会发生什么。但女人可以用快乐的心态做人生的指挥官，相信自己才是自己婚姻的主宰。在婚姻中，我们常会陷入“金钱就是幸福”的误区，若梅朋友的故事就告诉了我们快乐就是快乐，与物质、金钱没有任何关系。

往往，金钱的多少并不能衡量婚姻的质量，而对婚姻的心态却能改变生活的走向。无论一个女人多么有能力，如果缺乏快乐的心态，就不可能有如意可言。快乐的心态产生的能量是巨大的，有了它，女人就能把握住自己的婚姻，尽享幸福。

拥有了快乐心态的三十多岁女人，才能承受婚姻中的种种压力，并有勇气挑战各种困难和挫折；拥有快乐心态的女人，才能让痛苦和烦恼远离自己，感受恬静婚姻中的温馨爱情。婚姻是女人人生中无法后退的生命之旅，面对神圣的婚姻殿堂，我们要静静地思考，细细地品味，在淡然豁达中享受婚姻生活，让自己活得精致而有意义，将家庭经营得融洽而和谐。

所谓“性格决定命运，心态决定姿态”，可见婚姻的质量首先取决于你自己的心态，不同的心态就会有不同的表现。一个女人的婚姻是否幸福，不能看她所享受的物质状况。因为有钱的不一定就觉得幸福，而经济条件不好的，未必会觉得不幸福。我们的欢乐与痛苦，其实都是自己的心态所造成的。只要我们的心态是快乐的，我们周遭的一切就充满了朝气和激情。

懂得快乐生活的三十多岁女人，应该在婚姻中保持一个阳光心态。无论在婚姻生活中遭遇了怎样的不幸和艰难，都要保持一种快乐的心态：感谢上苍让你在人世轮回里遇见这个“十年修得同船渡，百年才能修得共枕眠”

的丈夫。婚姻中有晴天丽日，也难免阴雨霏霏。但有了快乐心态，就可以超越恐惧、自卑、胆怯、气馁，充满自信、乐观地面对一切。

女人有了快乐的心态，就有了战胜失败和挫折的勇气和信念；女人有了快乐的心态，就有了健康的精神与兴趣；女人有了快乐的心态，就有了永远保持魅力的资本；女人有了快乐的心态，就有了婚姻和谐、人生幸福的必胜宝典。

※ 智慧女人懂得美满婚姻靠自己争取

女人的恋爱、婚姻如水一般，究竟是清澈见底还是混沌不堪，全靠婚姻中的自己；女人的恋爱、婚姻如城堡一般，究竟是宽敞温馨还是狭小而憋屈，全靠婚姻中的自己；女人的恋爱、婚姻如一支舞，究竟是优雅翩翩还是步伐零乱，全靠婚姻中的自己。

谈到婚姻，幸福的男人会说："我妻子特别好，我全是靠她培养的，所以'好女人是一所学校'是非常正确的。"三十多岁的女人如果聪明、心细、心灵美好，家庭则更容易经营得好。

芳芳的朋友军长得挺帅的。芳芳早就暗恋上了军，但一直没有表达出自己的感情，只是默默地关心着他。时间长了，军渐渐感觉到芳芳在一直关心着自己，直到某天，他意识到没有了芳芳的关心生活好像没有了意义。因为军是一个内向的人，自从跟芳芳相处后，军觉得自己像换了一个人，不但交际广了，朋友多了，生活也充满了阳光。

最终军选择了芳芳。"虽然芳芳不算漂亮，但是我想她能带给我真实的生活。"这是军内心的独白。当芳芳问军："你为什么不选择比我更漂亮的女孩呢？"军回答说："漂亮的外表是经不起时间的考验的。假如你老了，我不喜欢你了怎么办呀？我要的是现实中的美好，不是虚无的东西。我想珍藏的是你那颗美丽的心。"

婚后的生活跟军的预料是一样的，生活中的芳芳是一个非常懂得经营

爱情的人。都说婚姻是爱情的坟墓,军却浑然不觉。芳芳用自己美好的心灵和智慧把两个人的感情经营得很好。尽管家庭生活中也有一些不开心的事情,但是芳芳常能用巧妙的方式合理处理,不仅不会伤害对方,还能给生活增添不少乐趣。

美好的爱情,是每一个女人都梦寐以求的,所以当你与心爱的人牵手一生,享受美满的生活时,一定要更真心地为对方考虑,营造更浓厚的幸福。婚姻是一个大花园,而你就是其中的园丁。你的宽容、善良就是照射在花园里的丝丝阳光,滴落在花朵上的滴滴雨露,能为你的家庭、婚姻保鲜,注入长久的生命力。

事实上,经营婚姻和做风筝的过程是一样的。做风筝的第一步是用竹篾做骨。骨要硬,还要韧。而在婚姻中,这骨是什么?是爱,是不掺任何杂质的爱。决定了爱这个人,就用刀劈掉金钱、地位、家庭背景等杂质,这些杂质留下任何一个,都可能是婚姻的隐患。

第二步是修饰。风筝的框架做好了,如果扎实的话,就有了长期稳定的基础。但风筝要养眼,给人以愉悦的享受,那就需要给风筝设计各种各样的造型,然后描绘,上色,再配置彩色的配件等,如此,风筝才能引人喜爱。婚姻亦如是。爱是根基,但只有爱还不够,还要有美好心灵的灌溉,爱情才容易天长地久。

第三步是飞翔。风筝天生是属于天空的,只有在蓝天白云之上才能展现它赏心悦目的美,若只把它悬于墙壁,则扼杀了风筝的灵魂,让它变成毫无生气的死物,会让人产生审美疲劳。婚姻中的夫妻也要有自己的个人空间。彼此没有个空间的爱情容易窒息。但空间也要有度。女人要把婚姻之线抓在手中,一旦松手,家庭便会飘逝、沉落。

第四步是保养。时光会磨蚀风筝,因此,风筝要经常保养:加固框架、描绘新色、更换造型……婚姻亦如是。外界的诱惑、流言飞语对婚姻的破坏无可避免,这时,要经常用爱、理解、包容、体谅、呵护为婚姻疗伤,为家庭注入新的活力。

要知道,婚姻不是爱情的坟墓,而是爱情的升华。如何使婚姻时时处在保鲜状态,使家庭在幸福的轨道运行,其中的奥秘很简单,运用你的聪明和

智慧就好。婚姻不是相互改造,而是相互磨合。三十多岁的女人要学会换位思考,经常站在对方的角度考虑问题,这样才能和平相处,彼此信任。当爱情最初的激情过去,婚姻所需要的是适时翻新,不断激发出新的火花,让出人意料的惊喜来延续美,让彼此恰当的距离产生美,让日益弥坚的信任巩固美,让心有灵犀的理解滋润美。

总而言之,三十多岁女人只要能用浪漫、体贴的情怀对待婚姻,用欣赏的眼光看待丈夫,并且能把自己的爱意用合适的情话说出来,或用亲昵的举动表达出来,相信长此以往,幸福美满的婚姻便可伴你一生。

※ 摆脱依赖,我的生活我做主

“敏敏,我都快郁闷死了!刚才我妈又来电话催了,今年再嫁不出去我就去出家当尼姑了……”王敏和闺蜜佳的谈话话题大都是讨论佳现在的男朋友怎么样,或是如何帮她找男朋友确定终身大事。王敏看着一脸无奈落寞的佳,一时间也不知道该说什么好。三十出头的佳是那么优秀,怎么就那么难找对象呢?

“上次给你介绍的那个博士,不是挺不错的吗?能不能别那么挑啊?”王敏说道。

“哪里是我挑啊?关键是我看人家根本没有处对象的意思啊。”佳一脸无奈地回答。

“怎么会呢?我打电话问问。”王敏的一通电话下来,她只有“嗯”“啊”的份,因为那位博士太能总结和归纳了,都没有给她插话的机会。那位博士简单举了几个很平常很普通的相处细节,最后用一句话总结了他们不合适的症结所在——佳太依赖人了。

依赖是相对于自立而言的。依赖思想太强则意味着自我的弱化,独立的丧失。可以说依赖对于三十多岁的女人来说是一个陷阱,一旦掉入这个陷阱,便难以自拔。虽然说恋爱和婚姻本身也确实是一个相互依赖的过程。

每个恋爱、婚姻中的女人都会面临着这样两难的困境：只有相互依偎在一起，才能感觉到爱情的甜蜜；但是如果靠得太近，又担心有一天会被伤得很深。而一旦依赖太深，我们的生活便会变得不再像从前那样单纯、快乐，你会时刻感觉到你的生活中不能没有他：马桶坏了不去打物业的维修电话，而是请求他的帮助；灯泡闪了不去自己搬凳子来换，而是寻求他的援手；一个人不敢在雷电交加的夜里睡觉，而是渴望他的保护；一个人不愿在厨房忙活烧菜，而是希望他的陪伴；一个人不想独自无聊地去看电视，而是期待他的情话……

圆圆的丈夫学历较高，工作很好，有较高的薪酬，而她自己的工作是护士。他们结婚五年了，在做母亲后，圆圆便把工作辞掉了。她的角色便成了家庭主妇及母亲。她需要操持家务，照顾孩子与丈夫。随着时间的流逝，圆圆也越来越依赖她的丈夫了。

这时，丈夫的工作显得非常重要，因为家庭的维持全靠他，他的成功即是圆圆的成功，也是家庭的成功。他是这个家的中心，圆圆看着他，孩子也看着他。圆圆所做的一切都是为了他，为了他们的孩子。一旦丈夫工作上出了问题，圆圆也就有了问题。

渐渐的，圆圆接受了这种关系，因为这是她所熟知的生活方式：她的婚姻就是以她父母以及她成长时所看到的别人的婚姻为蓝本的。慢慢的，她对丈夫的依赖取代了她以往对父母的依赖。同样，丈夫也希望圆圆温柔、体贴，因此，两人都得到了他们所寻求的东西。又过了几年，他们的婚姻危机爆发了。圆圆开始感到束缚、不满。因为她未能做出更多的事，缺乏成就感。而丈夫却越来越光鲜照人，事业有成。

善良的丈夫便鼓励圆圆去做她想要做的，更自信些，自己主宰自己的生活，不要让自己感到遗憾，也不要只为他和孩子活着。这些与她当年结婚时所想的首次有了冲突。丈夫对圆圆说："如果你想出去工作，为什么不去呢？也可以再回到学校去进修啊。"随后，圆圆遵循了自己的想法和丈夫的意见，重新开始经营起了自己喜欢的工作，在她逐渐摆脱对丈夫的依赖后，生活和家庭也变得更加和谐了。

虽然当今三十多岁的女性较以前独立，但在婚姻中还是难免形成依赖

丈夫的状况。这种现象的产生，一种是由于女人在小时候的家庭中养成了依赖心理，在恋爱、结婚后，对父母的依赖自然而然地转为对丈夫的依赖；另一种是由于女人在现代社会中依然处于比较弱势的地位，所以在结婚后丈夫便成了靠山。即使她们在工作中争强好胜，但她们在生活中依然想找一个停泊的港湾，圆圆就是如此。

要脱离心理上的安乐窝是困难的。依赖这一毒素会以各种各样的方式侵入生活，让更多的女人从依赖中得到满足。因此，依赖往往难以戒除。圆圆能摆脱这种依赖，则来源于对心理独立的不断认识：不再勉强自己去迁就各种情面或关系，做自己不愿做的事，跟着丈夫亦步亦趋等，开始学会自己积极思考，独立自主地决定自己的事情。

三十多岁的女人心理上独立便是无需再依赖别人。但不再依赖他人并非是不需要他人。依赖与需要是两回事。心理上的依赖，说明你有一种情绪：无论你做什么事，你都想看着他。否则你自己没胆量、没信心去做。如果他不在身边，你便会感到无助，茫然不知所措。而心理上的需要，是指你有一种交往上的需要。在生活中，你需要爱情的理解与关心等，这种需要能完善你的人格，让你的品质得到塑造，境界得到升华，如此，你的人生才能更加充实、丰富而有意义。

※ 志同道合，明智女人让感情稳定持久

三十多岁的女人对婚姻都经历了从憧憬到迷茫再到理智的思考过程。我们从不否认婚姻中爱情的伟大和纯真，但爱情绝不是婚姻的全部。相爱可以是单方面的，可以无偿付出，也可以昏天黑地，“有情饮水饱”。但是，婚姻不同，它是两个人共同的事业，是两个人并肩作战的合作，是两个人用心经营的成果，是两个人一生无憾的牵手，是两个人志同道合的选择。

第一次与丈夫王民相遇时艳红正在读大三，而丈夫在读大二。由于当时大三的艳红被老师安排到了王民所在的系里做辅导员，身为团支书的王

民因此有了和艳红接触的机会，两个毫不相干的人的人生轨迹出现了交点。一次偶然的机会，两人东拉西扯地聊起天来。她发现刚开始他有点紧张，后来，两个人慢慢放松了下来，竟然谈了很长时间。他讲起了他周围的事情，也谈起了人生，她很惊喜地发现他是那么单纯正直，同时，也很诧异他的很多观念竟然和自己如出一辙。这次交谈拉近了他们心灵的距离，他们的接触逐渐增多了。他们都意外地发现对方竟然和自己如此志同道合：同样喜欢古诗词，同样喜欢书法、音乐，同样喜欢文学写作……就这样，浪漫的爱情开始了。

恋爱后，他们常常结伴出游，旅行时的心情要比眼中的美景更令人印象深刻。一次，他们晚上坐船回来，深夜里，只听得到水流的声音。这时的船仿佛一个大摇篮，摇得很多人跌入了梦乡。而王民和艳红却很清醒，他们悄悄来到了甲板上，披着床单席地而坐。四周一片漆黑，所能看到的就是夜空中闪烁的星星，志同道合的他们就在星空下聊起古诗，诵起诗词来了，忘我地仿佛世界上只剩下了他们两个人。

之后，结婚便成了顺理成章的事情。有人说，婚姻是爱情的坟墓，但是，他们俩却用事实证明了志同道合的爱情在婚姻中的历久弥新。如今，两人都已步入而立之年，却仍然常常会有心有灵犀的感觉。一天，艳红半夜醒来，一时不能入睡，就想起了白天看到的一款手机，觉得真的很漂亮，想着想着，脱口而出了一句："那款手机可真漂亮啊！"她本以为丈夫已经睡着了，可是，没想到王民也笑着说："我也在想那款手机呢，没想到你和我一样。"还有一次，丈夫在外地出差，思念他的艳红给他发了一条短信，没想到同时丈夫的短信也来了，原他们来竟能隔着空间心灵感应。

他们是一对有着共同梦想的夫妻，为了心中共同的愿望，他们相互影响，相互支持。王民从小就有一个律师梦，这个愿望伴随着年龄的增长反而愈加强烈了。所以，大专学历的他在结婚后，报考了法律专业自学考试，因为只有考上了本科，才有资格参加全国司法考试。和丈夫志同道合的艳红也和丈夫一起并肩作战，参加法律专业自学考试。刚开始参加自学考试时，他们碰了一鼻子灰，丈夫一门也没通过，而艳红也只通过了一门。他们很沮丧，甚至想放弃。在看到一位朋友报考了 5 门竟然有 4 门都通过时，夫妻俩

的倔强劲儿就上来了:“我们为什么就不可以通过呢？我们一定也行!”于是,他们又互相鼓劲向梦想冲刺。

为了找资料他们常常要逛很多的书店,也常常在深夜里埋头苦读,困了就拿冷水洗脸。夫妻俩一人一个房间,互不干扰,却相互勉励着。谁能相信已经安定的婚后生活可以过得这样辛苦呢？因为有爱,因为志同道合,所以他们能一起努力,心也反而贴得更近了。终于,他们都顺利通过了法律专业自学考试。自学考试虽然通过了,可一年一度的司法考试还在等着他们。夫妻俩一鼓作气又开始了看书、查资料的学习生涯。经过一个又一个苦读的夜晚之后,丈夫终于通过了司法考试,而艳红最终也成为了一名法律工作者。

因志同道合而结合的王民和艳红感情基础更加牢固,双方的世界观、人生观、价值取向、爱情婚姻观相同,甚至在性格上也有相似或相近之处,能做到优点共勉、缺点相容或包容,有类似的人生经历、共同的奋斗目标或追求,所以他们的感情牢固坚贞。

和丈夫志同道合,夫妻的感情会更加深厚,因为两人能用心经营、求同存异,一切为了爱,为了共同的责任和义务而共同努力。奉行“事业支持家庭,爱情保障婚姻,爱心永保幸福”的婚姻理念,事业上互相支持、互相鼓励,生活上互相关心、互相体贴,情感上互相理解、互相满足,从而成为事业上的好战友,生活上的好伴侣,情感上的好榜样,夫妻婚后的感情自然坚不可摧。

※ 调整心态,聪明女人让婚姻幸福常在

“看她的家庭多幸福!”三十多岁的女人常常赞叹她人的婚姻幸福。其实幸福的婚姻不是凭空而来的,而是需要不断调整心态、不断学习的。只有我们自己最知道自己婚姻的优势在哪、问题在哪,也只有我们自己能尝试采用积极的方式进一步发展优势、解决问题。

工作中需要一个好的心态,婚姻生活中更是如此。身处“围城”之中,很

多事情都不是我们自己能决定的。既然你无法改变自己的丈夫,那不如改变自己的态度。保持一个好的心态,努力让自己拥有一份好的心情。心情好了,自然看一切都顺眼,做一切都顺心。正所谓“境由心生”,如果你每天都能保持一份好心情,那么,你眼中看到的将会是鲜花和美景,属于你的婚姻生活也会变得快乐而美满。

莉从来不吃葱、姜、辣椒,一吃就难受。但是,每次炒菜之前,她总要先切上一碟辣椒,然后用姜丝拌蒜泥,再浇上半勺滚烫的花生油,因为这是丈夫喜欢吃的。莉很乐意做这一切,甚至把它当成一种享受。当然,她有时也会发发牢骚:“你就知道吃,我为你做了这么多年的保姆,什么时候你能做一顿像样的饭菜给我吃呢?”丈夫总是呵呵一笑说:“你做的饭菜是最香的,别人做的我还不吃呢。”

莉想想也是,这么多年,丈夫都非常爱自己,这么一想,莉的心态便调整过来了。一次莉生病了,丈夫很着急,拉着她的手不停地问:“你想吃什么,我帮你去弄。”莉笑笑说:“你会弄吗?”“我会,我这就去。”说着丈夫就走进了厨房,本想给妻子煮碗热腾腾的鸡蛋面,可是手背上被油溅了几个红点不说,面还弄糊了,尝了一下,味道也不对。丈夫只好悄悄下楼到对面的餐馆买了一碗牛肉面,小心翼翼地端到床前,低着头对莉说:“不是我自己做的,我做不好……”莉的泪花已经在眼里打转了,她说:“你有这个心就够了。”

莉的身体康复后,他们又恢复了以往的日子。每天饭前莉还是会雷打不动地准备一份姜丝辣椒。

莉和丈夫就是一对平凡的夫妻,但他们生活中的一点温情就足已暖透人心。多年如一日,做丈夫喜欢吃的菜谈何容易,莉也有怨言,但她贵在能主动调节心态。其实要让婚姻幸福并不如想象中那么难,只要我们用一点点心,能调整心态多为对方着想,让对方感受你对他的重视和关爱,那婚姻就能幸福和谐地走下去。婚姻是需要两个人共同来经营和呵护的,两个人在一起,当恋爱的激情退去之后,以后的漫长岁月就更需要心的细致和体贴了。

婚姻犹如一艘航行在浩瀚大海的船,当船触礁时,遇险的绝不仅仅是某一个人,而是整个家庭。成功的婚姻不是偶然的,三十多岁女人切不可把婚

姻中的一切视为理所当然,也不要认为婚姻就是"从此王子和公主过上了幸福的日子"。如果这样想,婚姻一定会让我们失望。幸福不是从天上掉来下的,而是先由我们付出,经过精心培育,才能收获自己想要的结果。

敏的丈夫是一个节目主持人,人长得帅,又有口才,很多女人都喜欢他,而三十多岁的敏却只是一个普通的女人。他们结婚三年了,他越来越红,可她还是以前的样子。敏知道丈夫是靠嗓子吃饭的,在他去上班的时候,她一个人在家就给他剥莲子,把莲子里小小的心抽出来,然后煮成茶给他喝。丈夫的应酬特别多,甚至回家和她吃饭的时候都很少。后来,丈夫有了外遇,于是常常夜不归宿。

敏没有和丈夫争吵,还是默默地为他剥莲子心,把细细长长的莲子心剥出来,剥好了一包后放在茶几上。有一天晚上丈夫回家拿东西,看到她在屋里坐着,没有开灯。他开了灯问:"你在干什么?"她在剥莲子!黑着灯也能熟练地剥!丈夫的心瞬间颤动了一下,喉咙有些哽咽,但刹那间就掩盖了过去,只是淡淡地说:"你能再给我煮一杯莲子茶吗?"

敏欣喜若狂,赶紧煮了一杯。望着缭缭升起的白烟,丈夫的眼睛湿了,但他还是走了。下楼的时候敏追过来,他停住,皱着眉头,以为她要死缠烂打,或者骂他。但敏只是递给他一包东西,是她剥好的莲子心,她说道:"不要忘了,多喝它对你嗓子好,你还指着嗓子吃饭呢。"此时的丈夫已经有些悔意了,但不愿回头让她看到,毅然地离开了。那天晚上,他一个人待在房间里,拿出那包敏剥好的莲子心,用滚烫的水为自己沏了一杯。喝一口,苦而涩。再喝一口,那淡淡的苦依然在唇齿之间。第三口,苦后的一阵甘甜化作绕指柔,搅得他的心隐隐作痛。

这清苦的莲子心水唤起了他对往日的许多回忆。他发觉自己总在以一份追求奢华生活的虚荣心来对待敏朴实真挚的感情,甚至背叛她、伤害她,然而,敏的心却始终没变。

婚姻幸福是一种感觉,也是女人穷尽一生的追求;婚姻幸福是一种心情,一念之差就能改变女人的一切。在婚姻中你是飞往天堂还是跌进地狱,全在你自己,只有善于调整心态才能一次又一次推开幸福的大门。

两人之间的爱是永远的宽恕,心态是走向幸福的桥梁。不要企图去改

变对方，三十多岁的女人在婚姻中应凡事做到心中有数，调整心态、自爱独立、宽容理解、丰富生活、精心营造，若能做到这些，如何会不幸福呢？

※ 包容担待，智慧女人让婚姻历久弥新

当花前月下的恋爱让位给柴米油盐的婚姻，当浪漫火热的情话让位给一日三餐的生活，当相思成灾的甜蜜让位给每日相守的平淡时，我们需要担待，才能为爱保鲜。三十多岁女人的婚姻本就是一次漫长的旅途，如果没有了这样一种宽容、包容、谅解的担待，这旅程便不再鸟语花香、充满朝气。

有甜有苦、有笑有泪便是婚姻的滋味。如果日子过于平静，婚姻则会潜藏着危机，如果日子过于吵闹，婚姻则会走向死角。女人如何经营一份平和的婚姻生活，那要看两个人的性格兴趣、磨合理解，尤其是担当的程度了。如果能求同存异，相互谦让，那必是一种甜美的幸福婚姻，能让人心情轻松，努力创业，享受快乐；反之，则是一种婚姻的苦果，会令女人痛苦不已，会成为心理负担，让人萎靡不振。

在婚姻中，三十多岁的女人要学会多些担待、多点付出、多点温柔、多点体贴、多些浪漫，这就如同在婚姻的围墙边种上五彩缤纷的花朵，让人的心情分外惬意。婚姻中要担待的地方非常多，我们要担待对方因见解不同时的出言不逊，我们要担待对方在职场竞争失败后的心烦气躁，甚至一时的灰心丧气，我们要担待柴米油盐、一日三餐中的琐碎、重复、乏味，我们要担待青春已逝、红颜已老，疾病突袭时的安慰照顾……最难担待的或许还有这样那样的原因而造成的情感危机。但虽然有这样那样的危机、困难，只要我们都有一颗包容担待的心，相信危机终会过去，日子依旧会精彩。

敏和华是一对夫妻，平时都忙于工作和家务，爱在他们之间变得很平淡。华想起婚前的敏是那么爱他。于是为了唤起老婆对他的爱，重新点燃她的激情，他想再浪漫一下。于是有一天他约老婆到一个餐馆吃饭。可快下班时单位开了一个会使他迟到了。等他冒着滂沱大雨赶到时已经迟到了

半个小时。敏很不高兴地说："你怎么这么晚来呀，我都没有心情和你吃饭了。以后不要再这样迟到了。"华的心瞬间一动，随之崩溃冷却。

洁和君同样是一对夫妻，君也为了制造两人相处的机会而约老婆洁吃饭。因公事繁忙，君也迟到了。但当君冒雨赶到时，老婆洁说："你忙坏了吧？"边说边为他拭去脸上的雨水。君的心也是瞬间一动，满是温馨甜蜜。

我们常说，婚姻是一个空盒子，你必须往里面放东西，才能取回你所要的东西。你放的越多，得到的也就越多。洁和君的婚姻就是如此，放入担待，婚姻自然甜蜜，感情自然温馨。女人在婚姻中不要企图保持炽热的激情，而应让爱情自然地发展。要知道，激情和热爱会随时间而消失。彼此的宽容、忍让、担待、不计较才是共同快乐生活的诀窍。

莉莉和丈夫结婚十年了，莉莉常对丈夫说："亲爱的老公，我希望你改变自己做的、说的某些事，即使你不改，我还是一样爱你，因为我爱的是你这个人，而不是你做的事。即使有时候我真的不喜欢你做的事，但我还是一样爱你。"丈夫听后也会感动地说："我很高兴你喜欢我这个人，否则我们的婚姻就毫无意义了。亲爱的，我不喜欢觉得自己好像只为了你而活，我只想做我自己。但如果你是喜欢我这个人，我也愿意改变我自己，使我们之间变得更美好。"

确实，只有无条件的爱才是真爱，只有担待才能让彼此在婚姻中仍保持本真。

三十多岁的女人在婚姻中不要为了公平而争吵，也不要为试图改变对方而争吵，如果你要争吵的话，那你和丈夫之间必须为争吵进行相等的准备。要知道，吵架只有一方会赢。遇事学会扪心自问：这件事情真的值得我争吵吗？得出的结论和被伤害的感情孰重孰轻？若能将结果考虑到百分之九十的话，争吵则有可能避免。如果不可避免，则要尽量多担待一些，或者尽量缩短争吵的时间。争吵的内容也要中肯，就事论事，千万不要涉及其他事情，翻从前的旧账。

彼此的宽容和忍让是婚姻中的必需。如果计较太多得失，则等于亲手扼杀自己的幸福。世界上的每一段感情、每一个家庭、每一份幸福都是值得珍惜的。"相濡以沫"、"白头到老"的婚姻更是离不开担待的锻造。

※ 相互适应,婚姻不是爱情的坟墓

“婚姻是爱情的坟墓”,这是一句尽人皆知的“名言”。但若我们认真思考,便会发现此言差矣。婚姻是让你和成长背景、生活习惯、宗教信仰不尽相同的丈夫生活在同一个屋檐下,你们也许会因为种种差异而发生争执、矛盾,但同时,你也能从对方身上学到珍惜、理解、包容……怎么能轻率地将婚姻视为爱情的坟墓呢?

婚姻和爱情并不是矛盾的两端。爱情是一种付出,需要回报;婚姻则是责任,并不仅仅包括爱情。婚姻中更多地是需要用实际行动表达爱,所以婚姻不是爱情的坟墓,而是爱情的试金石。事实上,婚姻和爱情既是两个不同的概念,又是相互包容的共同体。只有相互融合在一起,才能使你和丈夫共同享受美满的婚姻、完整的爱情。

语晨跟现在的丈夫是在大学校园里认识的。交往了好多年,在两人三十多岁时才步入婚姻的殿堂。恋爱的时候两人也分分合合了好几次,但爱情最终战胜了所有困难。语晨说:“就在我们要去登记时,我又犹豫了。多年的感情,在那一刻突然觉得淡得不见了踪影,莫非我们真的跨进了爱情的坟墓?还是我患了婚前恐惧症?”丈夫在一边安抚她说:“的确,我们的爱情淡了,但是感情不只包括爱情,我们的爱情已经在不知不觉中转变成了亲情,这是一种比爱情更亲近的、两个人变成了一个人的亲近。”于是,他们结婚了。

结婚后,丈夫对她还像以前那样,只是责任感更强了。丈夫喜欢拿着她们的结婚照点评,其中最喜欢他穿中山装、语晨穿旗袍的那张照片,因为这样看起来他是家长,是户主,很有权有地位,而语晨则小鸟依人,很乖。语晨就不喜欢这张,说丈夫像个封建地主家的老爷,自己像个姨太太。

类似的分歧不止出现在欣赏照片或者看电视等方面。在装修房子、买东西时两人都会出现语言战争。但是,丈夫总会让着语晨,因此没有哪次争

执会因为意见相左而真正翻脸。语晨说：“婚姻里，双方要互相尊重、信任。也正是因为走入了婚姻，我也才学会了容忍。老公有很多缺点，这些在婚前是没有发现的，比如丢三落四。我家的伞是买了丢丢了买，还有手套、围巾，真是到他手里就有去无回了。开始我还会发脾气训他一番，后来也懒了，唉，丢都丢了，说他又有什么用呢？毕竟丢了还可以再买，真吵伤了感情就难补救了。”如今，他们有了可爱的宝宝，家里更是多了欢笑。丈夫总说语晨心里只有儿子，表达了一丝不满。不过语晨知道，丈夫心里其实美着呢。尤其是当别人说儿子长得像他时，更是得意忘形了。

语晨幸福的婚姻完全没有坟墓的影子。语晨自己都说，将婚姻看成爱情的坟墓实则是种悲观的想法。婚姻不是爱情的坟墓，而是一面放大镜，放大了爱情的千疮百孔。有的女人会在婚后小心翼翼地把这些缺陷补好，而有的女人只会不断地制造新的伤痛。婚姻中的爱情是需要经营的，为了给爱情保鲜，我们须要用心去对待丈夫。

在婚姻中，两个人仍然是独立的，并非是占有与被占有的关系。三十多岁的女人如果过分地要求丈夫、牵制丈夫，只会使你的个性丧失。而生活中的磕碰频繁也会使丈夫感觉疲倦。明智的女人会知道若即若离、不温不火，既维持整体性又不失去个性，才能够吸引丈夫。切记丈夫不是物品，更不是笼中之鸟，不要试图改变他、干涉他，这样做只会弄巧成拙，让对方想方设法地逃离牢笼。

星月结婚多年后惊讶地发现，原来在她心中那个近乎完美的丈夫，其实有很多小毛病，特别是生活习惯上的。说出来，怕他觉得丢了面子；憋在心里，久而久之又很难受，常常会感到莫名的郁闷和烦躁。有一段时间，丈夫因为工作上的原因心情不好，回到家里看什么都不顺眼。其实星月能理解，就像她看他不顺眼一样。但还是忍不住憋了一肚子的怨气，想改变他这些毛病。终于有一天，她开始与丈夫恶语相向。

有一次，星月的妈妈打电话来说不舒服，她急着回家看妈妈，可当时自己正和丈夫处于冷战阶段，所以把心里想说的话给老公发了一封邮件。几天后她发现丈夫回了一封“投诉信”，指出她试图改变他的性格让他烦躁不堪，同时也说最近心情不好是因为工作的原因，希望能和星月和好。

此后，星月试着调整自己的处理方式，果然和丈夫的关系好了很多。

确实，婚姻不是相互改造，而是相互适应，星月的改变促使她的婚姻在幸福的轨道上平稳运行。

三十多岁的你和丈夫从恋爱到步入婚姻的殿堂，再携手走向银婚、金婚，注定会经历一系列的变化，这是你们两个人不断走向成熟的心路历程。恋爱是浪漫的、梦幻的，而婚姻是现实的、质朴的。经营得当的婚姻绝不是爱情的坟墓，它会给予你充实感、安全感、满足感、舒适感，这是一种稳固、愉悦的互补关系，如潺潺流水般记录着你的幸福安宁。

※ 欣赏对方，让婚姻保持别致韵味

人们常说：相识易，相知难；相交易，相爱难。两个人走向婚姻的这一路，经历了从相识到相交再到相爱的历程。刚开始，你会感觉爱情穿越心灵的旷野，如同阳光穿过水晶般耀眼夺目。渐渐的，当爱情回归理智，当婚姻走进现实，迎接三十多岁的你的将是生活中的各种滋味，此时，唯有慢慢欣赏、品味，才能保持婚姻的别致韵味。

欣赏之情，如同高山流水遇知音，丈夫便是你的伯牙；欣赏之情，如一架待人抚慰的琴，善于弹奏才能奏出“琴瑟和弦”的乐曲；欣赏之情，如同含苞欲放的花朵，必须在最适合自己生长的环境里才能优雅地绽放。同样，女人只有欣赏丈夫，才能最大限度地放松，从而展现出自己最完美的内在，并且不断地提高自己，完善自己，给丈夫以力量、快乐、幸福，直至永远。

如琳的丈夫虽然比她小，但是很欣赏她。就拿做饭来说，如果哪天回家饭没做熟，丈夫就说：“没事，好饭不怕晚。”如果回家后饭已放在饭桌上了，他就乐呵呵地问：“亲爱的，今天怎么了，这么积极？”反正无论怎么做，如琳都对。如琳常对母亲说：“我知道幸福是什么了。被欣赏就是最大的幸福。”丈夫给了她最多的欣赏，她被幸福紧紧围绕。同样，她也以丈夫为豪。虽然丈夫没有念过大学，但是在工作中处处留心，不懂就问，几年的工夫，就能独

当一面了。而且他心地很善良，人缘极好。虽然丈夫也有缺点，比如干活不愿换工作服，这点如琳说了几次，丈夫还是改不掉，如琳也就不强求了。如琳心想：“反正家有洗衣机，我多洗几次衣服就行了，何必非得改变他呢？”再后来，哪天要见客户，丈夫就自觉地回家换衣服了。

如琳常说：“婚姻中两个人只有互相欣赏，才能互相包容。基于欣赏的包容才是心甘情愿的，是不带一丝一毫勉强的。”她不愿用“忍让”二字，“忍”是心上插着一把刀，有不情愿的成分在里面。

她和丈夫的十年婚姻之路走过来，也有过很多坎坷。刚结婚那会儿，他们也吵过架，多是因为婆媳关系。后来如琳想明白了，既然选择了丈夫，欣赏丈夫，就应该也欣赏丈夫的父母。这样想开了，如琳就静下心来，一门心思地过好自己的日子。相处久了，互相摸清对方的脾气，婆媳关系也就融洽了。

婚姻是世界上最伟大、最崇高的圣殿。三十多岁的女人要拥有一颗欣赏的心，才能领悟圣殿的伟岸，才能身处其中感受到人间真爱。如琳正是在欣赏和包容中，才逐渐发现原来婚姻生活是如此的美好。唯有如此，“执子之手，与子偕老”才不再只是诗句，而是现实。

对每个女人来说，婚姻生活都是公平的，也许和自己朝夕相伴的丈夫不一定是最好最优秀的，但一定是最合适的。欣赏就是婚姻的肥料，将此施于婚姻成长的土壤中，才能培育出欣欣向荣的幸福。

楚楠刚结婚时，由于不知道如何处理婚姻关系，导致她和丈夫的感情不融洽，连带着心情也常常不好。于是楚楠找有经验的大姐求教，大姐告诉她：“要想使婚姻和谐，多看对方的优点，少看对方的缺点。经常用欣赏的眼光去看待他和他的家人，你的心情就会是晴朗的。”于是楚楠按照她说的话做了。楚楠的丈夫喜欢看她写的文章，他经常用赞美的语言对她说：“只要是你写的文章，我都爱看。因为你写的都是真实的故事，绝对没有一点虚构……”丈夫说的话让楚楠好开心，也使她深刻地感受到丈夫是欣赏她的。于是她动情地对丈夫说：“老公，我为了你而写作。”

楚楠有一天下夜班回来，发现丈夫正在包粽子。她便在一旁观看，夸奖丈夫的粽子包得好看，看了就有食欲。听了这样赞美的话，丈夫更开心，包得更用心了。楚楠常跟大姐说:“在欣赏中生活,真是很开心,很快乐。这是我们自从结婚以来最融洽的时光。”大姐也感叹道:“是啊,你如果一直这样多欣赏他的优点,少看他的缺点。多赞扬,少批评,即使他有做得不对的地方,也要有策略地对他说,尤其不要当着别人的面斥责他。他既然和你走到一个屋檐下,就是一家人了,他好,你的脸上也有光啊。”

确实,婚姻本就是这样一种欣赏——用喜爱的心情来领会其中的意味!婚姻的至高境界正是欣赏对方,也被对方欣赏。三十多岁的女人学会用慧眼欣赏,用爱心包容,才能和丈夫在风雨路上相扶相携。欣赏丈夫,才能感觉到他像一棵枝繁叶茂的树,即使没有恋爱时的热情和朝气,即使曾经挺拔的躯干也有些微微弯曲,但却比以前更粗壮、结实了,可以让你放心地依靠。

婚姻的内涵和本质,不是激情四射的卿卿我我,不是甜蜜动听的缠绵誓言,而是会心一笑就能触摸到对方的心灵;婚姻的美丽和可贵,不是山盟海誓的誓言,不是天荒地老的承诺,而是在相互的欣赏和理解中蕴含的无私珍爱!

※ 为自己打造一片天,让婚姻更幸福

美好的婚姻如一碗汤水,需要诚实的滋养。聪明的女人会知道诚实与透明是不同的。透明是毫无隐私,而诚实是尊重对方,同时有所保留。即使再亲密,作为女人也不需要把心中的任何感受和所有想法都逐一向对方倾诉。把所有想法都告诉丈夫事实上是一种不负责任的做法。确实,这么做你是减轻了自己的压力,但与此同时却把压力转嫁给了丈夫。

面对生活中的点点滴滴,你无需把自己过去的遭遇和不快告诉丈夫,或将它们带到你们每天的生活中。因为如果这样无论当时丈夫能否接受,都会给他留下有形或无形的伤害。要知道,爱情的世界是容不下一粒沙子的。

也许很多人不熟悉迈克·尼克尔斯这个名字,但谈起他导演的作品《毕业生》你一定耳熟能详。黛安·索耶是他的妻子,与他相比其业绩也毫不逊

色——她是美国 ABC 电视台的台柱,是美国当时最红也是最有魅力的女节目主持人之一。

当这两人走入婚姻殿堂时,迈克已有 56 岁,黛安也三四十岁了。此前迈克有过 3 次失败的婚姻,但对黛安来说,这是她的第一次婚姻。黛安说:“我们彼此相互了解,有共同的爱好,更重要的是我们依然彼此独立,保留自我,对于对方的事业只提意见,不予干涉……因为工作的关系,我的生活常常与飞机为伴,飞来飞去的生活我早已习惯。我不会因为结婚而暂缓我工作的节奏。不过我也要关注他的感受。刚结婚不久我问迈克,‘你是不是很讨厌我常常外出采访?还是你根本就很喜欢一个人待在家中?’他回答说,‘两者都有。’”黛安在一次有关婚姻家庭的杂志对她的采访中谈到,“他尊重我的工作,我也对他长期在外工作表示理解。这是我们婚姻牢固的基础之一。我们也会对对方的工作表现提出自己的意见,指出对方的不足。但是只是个人意见而已。我们并不会因此而争吵。除此之外,对于一个稳固的婚姻来说,坚守与责任也非常重要。”

婚姻中,三十多岁的你和丈夫应该同心同德,拥有共同的兴趣,追求共同的利益。但是这种亲密无间的夫妻关系并不等于失去自我,你们仍然是两个独立成熟的个体,可以为自己负责,也可以为对方负责。学会保留自我,才能使两个人生活得更加独立,更加快乐。

女人有自我和自信,才能真正享受美好的爱情婚姻生活。婚姻中,你和丈夫应该是两个相交的圆。相交的部分是彼此分享,未相交的部分,就留给彼此独自成长吧。

赵静 22 岁大学毕业后就结婚了。因为她太爱丈夫了,所以虽然结婚时丈夫一贫如洗,两个人还要和婆婆住在一起,但她也丝毫没有介意。结婚后,赵静一方面要照顾家庭,另一方面还要开拓自己的事业,婚后她的心理慢慢失去了平衡,渐渐觉得压力很大。她觉得丈夫是现在自己最亲的人,于是她习惯了事无巨细地都跟丈夫倾诉。

当她看到原来比自己学习差、能力低的同学纷纷出国留学或者获得了很好的工作机会,甚至嫁了更出色的丈夫时,反观三十多岁的自己现在的生活,觉得苦不堪言。她不断跟丈夫报怨工作压力大,家庭事务繁重,使得每

天听她倾诉的丈夫也不耐烦了。这种生活折磨得她非常痛苦,她对丈夫和家人也开始产生越来越多的埋怨和愤怒,导致双方几乎每天都有口角和冲突发生。

有的三十多岁的女人常因为太爱对方,而在婚姻中表现得更像一个仆人,而不是伙伴,试图依靠毫无保留来赢得丈夫的感动。如果你甘愿在婚姻中放弃自我,牺牲自我,毫无保留地来换取对方的爱,并希望完全走入对方的世界,那么一旦关系出现波动,你就会感到绝望,认为自己一无是处,婚姻了无生趣。其实,这是不积极的婚姻模式。

我们都希望婚姻是为了使自己幸福,而非自我惩罚。为了婚姻的幸福,适当的、互相的改变是必要的,但是,如果当毫无保留地付出成了你的义务,当你成为了婚姻的附属品,那么爱情就变味了,婚姻也就变味了。

婚姻如"围城":城外的想进去,城里的想出来。真正聪明的女人,会在城中找块空地,在房子周围开垦出一小片绿地。必要的时候,不用出城也能享受到温暖的阳光,呼吸到自由的空气。同时,站在绿荫中更深刻地感受丈夫的爱、家庭的温暖、婚姻的幸福。

第6章

女人爱自己，在心中种一棵忘忧草

烦恼、欢喜，成功、失败，不过在于你的一念之间，而这一念就是心态。三十多岁的女人要学会调整心态，学会平静地接受现实，告诉自己要顺其自然，坦然面对厄运，积极看待人生，凡事多往好处想。三十多岁的女人心态好，就能够减轻痛苦和哀愁，无所畏惧地走在人生大道上。记住，你认为自己是怎样的女人，你就将成为怎样的女人。

※ 量力而行，学会减轻心灵上的负荷

如今，越来越多的女人在社会与职场中担当了重任之后，在她们的生活空间逐步扩展的同时，所承受的压力也越来越大。除了事业上的重担，还有一副沉甸甸的家庭重担在等着她们，大到买房、买车，小到买菜、做家务、照顾家人起居，整天忙忙碌碌，休息时间少之又少，更谈不上私人空间。面对如此现状，三十多岁的女人们难免觉得压力重重，身心疲惫。

三十多岁的女人需要寻找机会来释放自己，减轻沉重的生活和工作的压力，努力在点滴的生活中培养自己的乐天派性格，留意周遭各种各样的快乐元素，尽量给自己减压。你可以在工作和家庭中为自己设定合理的目标及节奏，在一段时间内完成了某项工作或使家庭生活达到某种水平，这就值得你欣慰不已了。

当然，工作和生活不可能事事如意，难免会遇到你不喜欢的工作，觉得做起来没意思、压力大，从而影响情绪。这时，请不要随便放弃，不妨尝试着换种心态、处事方式或思考方法，或许你会发现一个全新的自己，进而改变初衷呢。

冰灵从小就是一个文静的女孩。婚后，她随丈夫回老家做了中学老师。因学生们难以管教，不久，她便不愿意继续从事教育工作了。正巧，她朋友的公司缺一名销售助理，冰灵就接手了这个新职位。苦于没有工作经验，又缺乏对工作的兴趣，冰灵最初的阶段做得非常辛苦，一向自视能力很高的她第一次谈业务就遭到了客户的拒绝，被拒后的沮丧让她倍感委屈，压力十分大，并打算退却。但不服输的个性还是让冰灵坚持了下来。她先不断调整自己的工作状态，与前辈交流工作经验，改变自己的工作心态。在她坚持不懈的努力下，终于赢得了自己的第一个客户。有了良好的开始，冰灵对以后的工作越发有信心了。一段时间下来，她发现自己变了，曾经并不善于交际的自己，现在居然能和客户闲话家常，而且还以特有的亲和力博得了许多客户的好评。当她越来越起劲地做这些事的时候，她明显地感到自己的心态变了，变得主动起来，压力也小了不少，她明白自己已经喜欢上了这份工作。短短一年的时间，冰灵成了让人刮目相看的销售人才。

现实中，很多三十多岁的女人都无法如愿以偿地从事自己理想的工作，因此难免会造成心理和情绪上的困扰，感觉压力重重。冰灵一开始也没有做自己喜欢的事情，但她没有怨天尤人，闷闷不乐，而是接受现实，及时调整自己的情绪，让自己尽快融入工作中，培养自己对工作的兴趣，为自己减压。

由于职场竞争压力的日益加大，三十多的岁女人在照顾家庭的同时，还要追求上进，要能独当一面，不被日新月异发展的社会所淘汰，成为一个成功的职业女性。在这种状况下，女人的压力可想而知，若不能为自己减压，就很容易造成心理疾病。

三十多岁的玉梅是一家外贸公司的职工，最近她工作起来觉得非常紧张，因为她听说了“公司压缩开支并整合部门，个别员工可能被辞退”的传言。玉梅生怕自己出错，遭到辞退，影响家里的日常生活，为此只能更加努力地工作。公司安排她给客户邮寄资料，她总是担心丢失，本来已经把资料完整地装进了信封，但是她仍然反复检查多次，寄出后她还担心客户是否能收到资料。公司安排玉梅通知同事开会时，她本来已经通知全体同事，但由于担心会忘记通知某位同事，她有时连续多次通知一位同事，这为她带来了不少烦恼，同事们甚至质疑她的工作能力，这更让她觉得压力重重，甚至出现了失眠、烦躁等症状，对她的正常工作和生活造成相当大的影响。

无奈之下，她去看了心理医生。医生告诉她，工作中的焦虑情绪让她压力过大，患上了轻微的强迫症。

三十多岁的女人在工作中，一定要学会自我减压，采取积极的心态应对工作中出现的各种问题。要尽量避免过分关注某一负面消息，以减少工作的压力。玉梅就是受到“公司可能辞退个别员工”的传言的影响，才会出现心理问题的。

学会寻找快乐是三十多岁女人为自己减压的好方法。生活中的许多闪光点就包含在那些每天重复做的事情中，女人应注意培养对这些简单事物的欣赏和理解能力，于平常中寻找闪光点，使自己的生活变得丰富多彩。此

外，女人要有自己的知心朋友，最好能经常在一起聊聊天，倾诉生活和工作中开心或不开心的事情。许多不愉快的事情，只要说出来了，心里就会感到舒畅了。最重要的是，女人要保持平和的心态，用平常心看待世界。对于工作和生活中的一些琐事，只要不违背自己的原则，纵然不合心意，也要“睁一只眼闭一只眼”，切莫斤斤计较，积郁在心。

身为三十多岁的女人，要经常保持微笑，要不断丰富生活，懂得量力而行，善待自己，做个“无压”女人。

※ 给心情放个假，让思想去旅行

当终日忙碌的工作令你疲惫不堪时，何不妨给心情放个假：放首爱听的歌曲，躺在床上，闭目聆听，让音乐放松你绷紧的心弦；当琐碎的家务令你心烦意乱时，何不妨给心情放个假：寻一个宁静的地方，远离喧嚣，让清新的空气包围你，让烦恼荡然无存；当痛苦的失败令你濒临崩溃时，何不妨给心情放个假：点一支红烛，与爱人相偎，呢喃细语，让甜蜜抚平你的创伤；当成功的喜悦令你丧失冷静时，何不妨给心情放个假：品一杯香茗，回忆一段往事，记录一段时光，让记忆清醒你的思绪……

三十多岁的女人在纷繁复杂的生活中，奔波挣扎，难免因不能承受之重，让心疲惫不堪，这时，不如给自己的心情放个假吧。也许你无法辞去内心所担负的所有社会功能，但仍然可以偷得些许的闲暇，让心灵去旅行。

林清最近两个月都很忙碌，这使她的精神状态紧张到了即将崩溃的程度。她说：“有一个周末，为了能在周一前把资格考试的习题都做完，我连着两天每天只有4个小时左右的睡眠，那个时候脑袋里没有别的，就是一个信念，必须按照计划把自己定的任务完成了。睁眼就是做题，吃饭也是匆匆了事。”一天，朋友打电话来，她们聊着聊着，林清就想笑，想大声地笑，差点把她朋友吓坏了，以为林清精神出了问题。于是，林清就告诉她：“我最近太累了。三十多岁的人了，要这么拼命，真累啊。我需要释放我压抑的心情，笑

一笑我心里舒服了好多。”

考前的一周因为她觉得复习得不错，所以表面上已经不紧张了，但是当她晚上睡下后，连着好几个早晨很早就醒了，醒来后就再也睡不着了，满脑子都是空白。为了考试时能有一个好的精神状态，她就逼着自己接着入睡。但是辗转反侧怎么也睡不着。结果考试时状态不好，没发挥出理想水平。考完后，为了缓解压力，她便向公司请假休息了几天，给自己的心情好好放个假。

在家里的几天，林清听了好久没有听的音乐，静静地坐在电脑前享受那种触摸心灵的感觉。她说：“我是一个愿意享受生活，享受每一天、每一个过程的人，但是最近所有的事情都匆匆而过，让我的心灵也感觉匆匆的。人在奋斗和拼搏的过程中尤其需要一种心境，一种让自己感受心灵的心境。偶尔给心情放个假，在匆忙的行程中享受一下路边的景色，也别有一番情趣。”

由于工作节奏快，生活压力大，林清经常高速运转着，忙着工作，忙着生活，忙着奔波。其实，林清的现状是我们很多三十多岁女人的写照。当你感到“累”的时候，你的心情一定更“累”。这时，一点不顺心、不如意，就会让我们的心情跌落下来，进而满腹牢骚、满腹伤感，所以适时地给心情放个假吧，自己也会活得轻松一些。

王萍转眼间已经踏上讲台七年了。从当初的满怀激情与梦想，到现在的平淡与挫败；从当初在课堂上感到满足与快乐，到现在在课堂上板着脸孔不愿多露一点笑脸；从当初兴高采烈地在课间与学生畅谈，到现在的疲惫不堪不想多说。这一切的变化，让王萍的心情也跌落到了谷底。特别是她恰好接受了学校的安排，当上班主任，那不堪重负的“累”就更加如影随形，怎么也抛不开。一天，王萍因学生问题与校长谈了一番，校长告诉她说：“能救你的人只有自己。要让自己快乐很简单也很复杂，那就是改变自己。只有自己是快乐的，学生才会感受到快乐。偶尔也给你自己的心情放个假吧，不要把自己禁锢着，尝试用一颗快乐的心去迎接生活！”当王萍整理好自己的心情重新用笑颜去迎接学生时，学生们居然有一种受宠若惊的感觉，议论纷纷说：“王老师，您今天遇到什么喜事了吗？”这时，王萍才发现原来她离学生们已经这么远了。她告诉他们说：“你们的进步就是我的喜事呀！”学生们都开心地笑了。此时,王萍才庆幸自己能够及时回头。

是呀,作为教育者能够给学生们什么呢?除了知识,更重要的应该就是给他们留下一段快乐的回忆。王萍这才意识到,给自己的心情放个假,同时也是给学生们的心情放了假。

快乐不是等来的,而是由自己创造出来的。王萍的快乐就来自她的"心灵假期"。三十多岁的女人常因身不由己而无法跳开自己的生活圈子,殊不知,心情是能自己掌握的。偶尔让自己随着风自由飘荡,感受无拘无束的飞翔,体会一片幽静吧。

身在职场的三十多岁女人记得给自己的心情放个假,整天"两点一线"地围着工作和家庭终会有累的一天。适时放松自己的心情,回归大自然的怀抱,在心旷神怡的广阔天地里呼吸,做真实的自己,让思想去旅行,用心去品味美好的一切,才能感悟人生的真谛,感受生活的美妙。

※ 智慧女人,别让自己活得太累

人的一生只有一次,既然只能活一次,就应该"活"得有质量,而不是活得太累,自己折磨自己。三十多岁的女人活得太累常常是心累,或因处境不佳,或因交往不顺,或因遭遇挫折。人生本就不可能一帆风顺,没必要为此痛心疾首,郁闷不堪。世上不如意事甚多,你的生命只能在岁月的旅途上走一小段,看上几片风景,若是活得太累,又怎么能捕捉到那难得的景致呢?

三十多岁的女人们不要像林黛玉般把每一件失意之事和每一缕愁思都在心中淤积,滚成雪球。既然事情已成定局,无可变更,那就不要沉溺于懊恼悲哀之中不能自拔。相反,试着走过去,那边就是晴天。只要心中的信念仍在,前面就会有好日子。

月如常觉得自己活得很累,没有办法快乐地生活。她觉得自己是个没有主见的人,到现在三十多岁了,也还是觉得好多事情自己无法拿主意。而且自己幽默感很差,因此不愿意多笑。从小月如的父母就离婚了,她和爸爸

生活在一起，爸爸后来又再婚了，她父母离婚的原因就是因为她的父亲背叛了她的妈妈。

月如从小到大都没有和她爸爸发过脾气。其实不是她没有脾气，而是当面对爸爸和后妈时表现不出来而已。月如的爸爸很有钱，所以她从小到大在物质上的东西没有缺少过，但是她觉得很孤单。只要和爸爸在一起她就觉得累，家里人也都爱管着月如，她爸爸更是如此，任何事情都会干预。

月如如今已经三十多岁了，但她总觉得自己的心理年龄好像还未成年。一遇到事情，她就老往坏的方面想，而且总是不能坚持自己的看法，总会揣测爸爸和家里人会怎么看，这让她觉得累极了。她现在把所有的希望都寄托在了她的婚姻上，希望能和丈夫简简单单地生活，不要再这么累地活下去了。

月如就是放不开自己，总觉得身边充满了束缚，才觉得自己活得很累。三十多岁的女人一定要珍爱自己，学会独立，让自己的每一天都过得快乐，活得精彩。千万别把各种有形无形的枷锁套在自己头上，让自己疲惫不堪。要知道造物主是多么宠爱女人，才将美丽、善良、温柔、多情这些品性毫无保留地赐予女人，所以女人一定要活得舒心，活得快乐，活得潇洒。

子欣的丈夫脾气特别暴躁，整天无端地就会冲家里人发火，无论是对他的父母还是对她都是这样。一件在别人看来根本不必发火的事，到他这里马上就可以升级到吼叫的程度。她和他的父母为这件事都很痛苦。子欣觉得自己面对这样的丈夫，随时随地都要准备碰一鼻子灰，长期如此，她便越来越苦闷，越来越小心翼翼，但还是避免不了惹他发火，这让她觉得和丈夫在一起生活得很累。本来子欣是个性格开朗的人，但和丈夫在一起后，感觉特别压抑，又觉得自己没有地方发泄情绪，所以常常有和丈夫离婚的念头。后来，随着孩子的长大，子欣本来以为随着孩子的成长，丈夫可能会改变，但没想到却让她更加失望。她一再要求丈夫克制情绪，给她和孩子创造一个和谐温馨的环境，但丈夫根本做不到。这令子欣对他十分失望，感觉对他一点感情都没了。现在自己完全是为了孩子而生活在这个一点也不快乐的家里，但自己又不甘心这样活下去，心里便觉得更累了。

如今，子欣把大量的精力和热情都投入到如何教育孩子身上了，而丈夫

一天5分钟也花不到来看看孩子，更不要提教育和培养孩子了。所以她感觉跟丈夫维持这样的婚姻没多大意义，但又想给孩子一个完整的家。可现在貌似完整的家，其实也只有子欣一个人在承担着父母的角色。同时她还要面对和伺候公婆，活得非常累。

公公婆婆虽然拿丈夫没办法，但特别喜欢干预他们的生活。子欣本来希望和公婆分开住，使丈夫有机会独立些，有所成长，但他的父母离不开儿子，所以只能住在一起。因为子欣从小接受的教育就是凡事要忍耐，加上子欣尊重公婆是长辈，所以从吃到住到思想上都放弃了自己的喜好去适应他们，从不提自己的要求。子欣跟公婆也从来没有因为任何事红过脸，所以公婆以为子欣很随和、很好相处，但只有她自己知道她过得有多累、多压抑，她现在甚至因为这些事情烦得失眠，不知道是应该为孩子而继续下去，还是为了自己而离婚？

三十多岁女人的代名词不是牺牲，女人生活的全部也不是付出，子欣有权利享受生活的美好和乐趣，她应该经常给自己的心情做做按摩，让自己别为了顾忌孩子而活得太累。

三十多岁的女人别活得太累，方能坐看云起云落，花开花谢，收获一份清凉的好心情。人生毕竟不是演戏，没必要用太多的脂粉去涂抹自己，逢场作戏。生活本来就应该想笑就笑，想唱就唱，想哭就哭，想玩就玩，活得朴素自然，活得坦坦荡荡，活得轻松自在。

※ 往事如烟，不要一直停留在记忆里

悠悠往事如铭记于心的照片，凌乱而充斥于记忆，总是在心灵深处盘旋，让你在不经意间忆起，又百无聊赖地想忘记；悠悠往事如默默生长的兰草，总对你含情脉脉地吐露芬芳，而在你留意之时，却不经意间枯萎了；悠悠往事如转瞬即逝的烟花，曾经绚烂非凡，却不可能停留……

三十多岁女人的记忆中盛放不了太多凌乱而不堪回首的往事，我们无

须用过去的伤痛无止境地折磨自己。人生在世，不同的阶段会有不同的使命，过去的快乐和痛苦，请郑重地放下，不再纠缠，不再因它而伤感，而是珍惜地将它留在过去，留在记忆中，慢慢沉淀，而后，放下一切，再次快乐前行。

以前，雅兰每到深夜都会放一张 CD——林忆莲的《Sandy》，碟中有《至少还有你》、《伤痕》和《此情可待成追忆》等脍炙人口的经典歌曲。那橘红色的表面像曾经温暖的爱情颜色，现在带给她的却是难以言说的伤痛。她曾试着不再纠缠于那段往事，有一阵子她固执地以为不再听这张 CD 就能回到那段往事之前，后来她才发现，她还是做不到。

CD 是雅兰前男友去韩国前送给她的。那天雅兰生日，男友把那张碟子夹在一大堆写满誓言的贺卡与鲜花之间，从身后激情洋溢地递到她的面前。然后抱着雅兰说："是你喜欢的林忆莲"。男友在雅兰耳边不断说着缠绵的情话。那是她经历的第一次爱情。等待男友回国的日子里，雅兰满怀期待地听着《Sandy》，幻想着幸福的爱情和未来。

两年后，男友回国了，将一张粉红色的结婚请柬递到雅兰手上。雅兰呆呆地站在那里蓦然间不知所措，最终，雅兰没能参加他的婚礼，他们的爱情终成隔世的回忆。在那个伤心的晚上，雅兰听着《Sandy》时突然发现，再繁华、美丽的爱情也经不住时间的洗涤。男友完婚后，去了韩国定居，后来曾回国过一次，宴请了除雅兰之外的所有朋友。当闺蜜把这个消息告诉给雅兰时，她真的就像死过一次一样。朋友对她说："不见你，可能是不想让你伤心吧。你还是忘了他吧，这样无谓的纠缠、回忆是没用的。"

于是雅兰发誓忘了他，让悲伤止步。于是，她离开了曾经充满甜蜜的城市，想从往昔的气息里彻底走出来，心情似乎也好了很多。渐渐的，在新的城市，她邂逅了现在的丈夫。丈夫和她一样也爱听林忆莲的歌。当她再次听到《至少还有你》的时候，回忆如潮水般涌来，却带着让她安心的平静。这时，她才知道，她真的不再纠缠于过去了，能放下一切，开始她的新生活了。

女人活着，就要学会放下，放下毫无结果的爱情，放下已成昨日的往事，放下曾经深爱过却无法厮守的人，雅兰就是这样才从悲哀中解脱出来，看到了放晴的天空。

人的生命过程中的每一段，走过了就无法再重来。除了偶尔的嗟叹、回

忆之外，就不要过多地纠缠了。应好好想想如何经营余下的人生，让自己短短数十载的人生更加精彩。每一个女人都是独一无二的，每一天也是独一无二的，在通往未来的旅程中，我们不必再为往事痛心，不要让它成为自己心中的枷锁，为自己徒增烦恼。

美娟是在一个工作环境很差的地方认识立强的，刚开始美娟没有在意立强，后来才慢慢对他有了好感。立强知道美娟爱戴手表，就在回老家之前送了一块手表给美娟。虽然美娟没有对他说什么，但她很爱惜立强送给她的东西。后来，美娟不小心在生日那天把手表弄丢了，当时她很难过。

立强回老家后，他们之间的联系断断续续的，有误会，也有快乐。美娟思念他、为他哭过而且梦到过他跑回来找自己，还问自己："我们能在一起吗?"美娟一直没对立强承诺过什么，因为她觉得他们好像不是一路人，也因此没有说服自己与立强交往。甚至曾答应去看立强最后也没有去。就这样过了一年，当美娟再次过生日时，立强打电话对美娟说："这是我第一次送歌给你，也是最后一次。"歌曲只听到一半时，以泪洗面的美娟关掉了手机，一整天脸色都很差。这其实是她早有准备的结果，但她还是忘不了立强。

终于，立强结婚了，得知消息的美娟痛不欲生。美娟常常想如果不是他们家庭有别、城市不同，也许两个人会走到一起，过得很幸福，而不是像现在这样，常常想念他。

美娟现在无论如何回忆过往，如何感叹"如果当时我和他在一起就好了"，也终究只是枉然。与其总幻想着之前的华丽时光，凄凄然地虚度年华，不如不再纠缠过去，收拾心情，活在当下，让笑容重新回到脸上。

往事，早已成梦。当一切已成过去，三十多岁的女人不妨轻轻地拥抱一下回忆里的温暖，感受一下记忆里的温度，然后干干净净地离开，不再纠缠于那一张张陈旧的照片、一页页泛黄的日记，就这样，让那些刻骨铭心的往事慢慢地变成落叶，随风凌乱地散去。

※ 珍惜现在，遗憾就可以少一点

年华似水，人生苦短，三十多岁女人的人生从来都是现场直播，没有彩排。珍惜现在拥有的一切，才能享受人间的美好生活。我们常常在没有经历过一场大病时，就不知道要珍惜自己的身体健康；我们常常在没有经历过与亲人生死离别时，就不知道要珍惜亲情的可贵；我们常常在没有经历过感情的破裂、分离时，就不知道要珍惜友情和爱情的难得；我们常常在没有经历过痛苦中的艰难跋涉时，就不知道要珍惜今天的快乐。

在我们经历了这一切后，才能感悟到：上天赐给人的生命是短暂而珍贵的，我们应该将我们生活的主题变成学会、懂得珍惜现在。如此，在我们的生活中，遗憾就可以少一点，快乐与真实就会多一点。

年轻的明喜欢上了在便利商店打工的静宜。他每天都会到静宜工作的店里买一包香烟，渐渐的两人开始互相熟悉。当静宜工作感到无聊乏味或者是心情不好的时候，明就会出现，并且不失时机地陪静宜说说话，逗她开心。静宜也知道明似乎喜欢上自己了，可是自己已经有三十多岁了，她觉得自己和这么年轻的明在一起不合适，面对明如此的关怀，她自己也不知道如何婉拒。

一天，商店外摆放了一台娃娃售卖机，静宜很喜欢里面的娃娃。明知道以后，就去夹了一只娃娃送给静宜，并在当天向静宜表白，希望静宜能接受他。不知如何是好的静宜，只能残忍地告诉明，他们之间是不可能的，因为她已经有三十多岁了，他们之间的年龄不合适。明听了之后默然地点点头，只是他对静宜的喜欢已经超出自己所预期的，他不死心地问静宜，自己真的没有机会了吗？善良的静宜不忍心看到原本开朗风趣的年轻人变得如此伤心，于是她手指着娃娃机里面的绒毛娃娃说：除非你夹满 100 个娃娃，而且一天只能夹一个。

静宜希望用时间来冲淡明对自己的感情。她心想："一天夹 1 个娃娃，

最快也要三个多月之后才有 100 个。而且明应该不会真的有耐心夹满 100 个娃娃吧！”

这三个月的时间，她会尽量与明保持距离，她决心让两人恢复到店员和顾客的关系。

明还是每天都会到商店来，可是静宜开始变得冷淡。明总是试着聊一些静宜感兴趣的话题，不过静宜依然爱理不理。因为她知道唯有这样做，才不会让明越陷越深。明或许是察觉到了静宜的用意，可他还是每天夹娃娃，有时运气好夹一两次就中了，有时运气差，零用钱花光了也夹不到，只好跟朋友借钱继续夹，一直到夹中为止。无论花多少钱多少时间，明每天一定会夹一个娃娃。只是他无法与静宜分享夹到娃娃的喜悦，因为他知道静宜有意要避开他，为了不影响静宜的情绪，他只能在橱窗外头微笑地对静宜点点头就离开。

好几次，看到明因为夹到娃娃而兴高采烈的样子，静宜都想冲出去对他说：“我是骗你的，你不要再夹了，就算你真的夹到 100 个娃娃，我跟你也是不可能的！”但是一想到明希望破灭的样子，静宜就于心不忍，她只能不断地犹豫。就这样一天，两天，三天……明的娃娃数量不断的累积，而静宜刻意与明保持距离的结果，则是让自己在工作时显得更孤单。

一天，静宜因为朋友无法回来陪她过生日而感到很失落。明仍一如既往地到便利商店，不同的是那天明竟走进了店里，对静宜说可不可以破例让他在今天夹两个娃娃回去。心情不佳的静宜很生气地当场拒绝了明。就这样，明走到娃娃机旁，默默地夹了一个娃娃回去，在明离开时，他深深地看了静宜一眼。隔天以后，明再也没来夹娃娃了。刚开始静宜虽然觉得奇怪，但是仍然庆幸自己终于放下了心中的大石头。可是渐渐的，她突然觉得不习惯。因为那个每天都会为了她来夹娃娃的熟悉背影，好像空气一样消失不见了，这时静宜才意识到，原来她心中的失落感远远超过了明所带给她的负担，只是一切都已经来不及了！

静宜开始想念以前明来店里陪她聊天的点点滴滴，哪怕他只是站在橱窗外沉默不语地夹娃娃，似乎都会带给静宜莫名的安全感。所以静宜每天上班时，总是不断地抬头张望那个熟悉的身影来了吗。可惜的是，年轻人始

终没出现，只剩下那台没人使用的娃娃机。直到有一天，静宜下班后，在店门口遇到了以前常和明一起来的朋友，她焦急地问他明的下落。不料明的朋友却是一脸黯然。他带静宜来到明的家，当他打开了明的房间门时，映入静宜眼帘的是一堆毛绒娃娃以及躺在床上动也不动的明。原来明的脊椎有病症，必须要开刀才能保住性命，但成功的概率只有50%。明在开刀的前一天晚上，也就是静宜生日的那天，希望静宜给他机会夹两个娃娃，因为他已经累积了98个，然而却遭到了静宜的回绝。隔天之后明的手术不幸失败，就变成了植物人。而这时静宜才认识到自己对明的爱。她不禁泪水连连，唏嘘自己没有珍惜当时的每分每秒。

珍惜现在吧！三十多岁的女人要从现在开始珍惜爱你的人，珍惜你周围的一切。静宜就后悔当明在身边的时候没有珍惜他，等到后来却已经为时已晚。很多女人都是失去了才懂得珍惜，才感觉到后悔，但始终学不会当自己拥有的时候就好好珍惜，仍总是一而再，再而三地失去。

每个人都应珍惜现在拥有的一切。不知道珍惜，永远也不会开心；不知道珍惜，永远都得不到满足；不知道珍惜，永远都得不到幸福。珍惜现在看似平平淡淡的生活会让我们自如、自在地生存在这个世界上，欣赏温柔的月色、纯净的白雪、绿色的花草、灿烂的星空，感受亲人、爱人、朋友的关怀，聆听为自己祝福的话语和歌声。

※ 女人让快乐做生活的主旋律

花，是美丽的，但世上任何花都比不上女人的笑颜更美丽。虽然不是每一个女人都有着漂亮的容貌，但是每个女人每天都可以有一颗快乐的心和一张充满笑意的脸。

当今快节奏的生活，让三十多岁的女人背负了比以往更多的责任和负担，外界的压力常会导致许多女人习惯把自己的心囚禁在一个狭小的天地里，于是，烦恼、苦闷、忧郁便随之而来。如果把所有的不快乐都写在脸上，

那再美丽的女人都会变得不再动人。明智的三十多岁女人应该知道要为自己而活，才能活得轻松、随意、自我，活出每天的好心情。

天天快乐的三十多岁女人自信而乐观，像个漂亮的天使，能给别人带来愉悦，成为他人眼中最灿烂的一缕阳光。她们清楚地知道快乐是最好的化妆品、最靓的服饰品、最棒的保养品。

新加坡时计宝（郑州）紫荆山百货的总经理巩玉梅就是这样一个每天都很快乐的女人。巩玉梅成功地完成了从普通营业员到商场总经理的蜕变。多年在商界的摸爬滚打历练出了她的自信和坚韧，培养了她细致入微的洞察力，练就了她出众的口才和不同寻常的社交能力，唯一不曾改变的是她的快乐。

巩玉梅快乐地享受着她的每一步成长、每一种角色。事业有成的巩玉梅，有一个幸福的家庭。夫妻工作各有自己的天地，且都有令人羡慕的成就。她和上高中的女儿的关系就像朋友一样。有人问她有什么高招把工作和家庭关系处理得那么好，她笑着说："很简单，就是合理转换自己的角色，让每个人都得到快乐。在单位是领导，在家就是妻子和母亲。我们尊重彼此独立的人格，一定要互相关心，互相照顾，让大家每天都开开心心的。"巩玉梅的办公室里，沙发上摆着一个明黄色和一个粉红色小猪，沙发靠背上放着芭比娃娃，书架上摆放着一个足球。这些不但给充满浓重商业味道的办公室增添了几分柔和轻松的味道，也让我们看到了这个商场上叱咤风云的女老总内心依然保持着童真和快乐。巩玉梅说："我喜欢运动。什么NBA啦、中超啦，我都会看。瞧我这个足球，这是米卢在河南建业的商业比赛中送给我的，上面还有他的签名呢！"巩玉梅还说："除非参加正式会议时我会化妆并穿正装，平时都是穿休闲服，这样比较舒服，也适合去做运动，同时也是为了减肥。看我这段时间瘦了吧？看着身材好了，心情也就好了，工作也就更投入了，效率才高。"

如今，这位经历多多的女经理人对企业的把握更加心中有数。在提及她目前的感受时，她微笑着说："除了觉得身上的压力大了一点，其他的没什么。只要你天天都快快乐乐的，我想每一天都会过得很好。"

其实快乐不只是一种感觉，还是一种女人对人生的态度。巩玉梅尝试

着用这样一种态度认真地对待生活、孝敬父母、相夫教子、创业奋斗，从而不仅有一个温馨幸福美满的家庭，还有了令人艳羡的职业，最重要的是她生活的每一天都是充满阳光的，都是开心快乐的。

事实正是如此，三十多岁快乐的女人总是善于在生活中寻找乐趣，日子就算再平凡，她们也能活得有滋有味，就像一缕春风，能给别人带来轻松和愉悦，吸引着人们走向你。

女人要学会承受、宽容和爱。当你学会自由而随意地支配自己的精神和灵魂时，你也就拥有了快乐。每天都快乐的三十多岁女人如涓涓溪流，欢快而清澈；每天都快乐的三十多岁女人如一轮明月，皎洁而清爽；每天都快乐的三十多岁女人如一首诗，清新而淡雅；每天都快乐的女人如一幅画，典雅而别致……

快乐生活是三十多岁女人一生最大的财富。有了快乐的心也就有了年轻的容颜，也就有了一个没有约束没有失落的空间。快乐生活是女人一种可爱的心境。或许你什么都没有，但只要你拥有快乐，那么你就是这个世界上最富有的女人。每天都做个快乐的女人吧，自己快乐的同时，也会为别人带来快乐。

※ 善待自己，把握自己，获得快乐

身为三十多岁的女人，要面对激烈的职场竞争、紧张的社会节奏、复杂的人际关系，想要获得快乐，首先就要善待自己。三十多岁的女人善待自己，就是要把握好自己：在业务周旋中，留一份清醒；在纷繁复杂中，留一个角落；在人际交往中，留一丝真诚；在情感追求中，留一点执著；在家庭亲情中，留一缕宁静。

三十多岁的女人善待自己，就是要对自己满意，即使面对困惑与无奈，也要悄悄给自己一个笑脸，为自己加油，让自己拥有一份坦然，能勇敢地面对艰险。女人善待自己，就是要相信自己，这种自信不是自以为是，也不是自作聪明，而是要自尊自爱、自立自强，不自傲自卑，不怕磨难挫折、各种打击，坚持用知识充实自己，用道德提升自己，用合适的妆容完善自己，乐于追求一切美好的事物。

张莉与丈夫结婚已经6年了，丈夫每天回家后依然做着经常做的事：打开电视，手里漫不经心地拿着一张报纸，但对自己却不像以前那么热情了。而张莉依然在厨房里忙着她每天必做的活，默默地忍受着。

就这样一天天地过着，有一天张莉实在忍受不住了，到发了争吵。丈夫说她是黄脸婆的话深深地刺痛了她。张莉拿起镜子认认真真地看着自己：脸色发黄并有点暗沉，蓬松的头发随便地撇在一边，好像很长时间没有打理了。张莉决定彻底改变自己。她到美容院做了个面膜并画了精致的妆。晚上丈夫无精打采地回到家，看到漂亮的她的时候，脸上绽放了久违的笑容，并拉起了她的手……

想必生活中很多女性或多或少都会出现张莉经历的这一幕。三十多岁的女人总认为丈夫爱自己是不会在意自己的外在的。其实我们错了。对于我们的外在，丈夫们比我们自己还在意。你还等什么呢？现在就行动起来，好好善待自己吧。

要善待自己的三十多岁女人要学会做这“三件事”：学会“关门”。学会关紧昨天和明天这两扇门，认真地过好每一个今天，每一个今天都过得好，这辈子才过得好。学会计算。学会计算自己的幸福才能让自己越来越幸福，计算自己做对的事情才能对自己越来越自信。学会放弃，就是学会“舍得”。记住是“舍”在先，“得”在后，世界上的事情总是有“舍”才有“得”，“一点都不肯舍”或“样样都想得到”是不可能存在的。

在这“三件事”的基础上，三十多岁女人要学会说“三句话”：“算了”。如果无法改变一个已经存在的事实时，最聪明的做法就是接受它。“不要紧”。不管发生任何事情，哪怕是自己无能为力的，都要为自己加油，告诉自己不要紧。要知道，积极乐观的态度是解决和战胜任何困难的前提。“会过去的”。无论面临怎样雪上加霜的困境，就算雨下得再大，风刮得再猛，都要相信风雨之后一定是彩虹高挂，未来总会出现晴空万里的艳阳天。

除了会“做”会“说”，三十多岁女人还要会“乐”：助人为乐、知足常乐、

自得其乐。具体说来，就是在自己过得好的时候要多助人为乐，在自己过得差强人意时要知足常乐，而当自己过得不如意时则要学会自得其乐。

此外，还有非常重要的“三不要”：不要拿别人的错误来惩罚自己。现实中有许多三十多岁的女人不怕苦、不怕累，工作再多也有条不紊，局面再乱也能运筹帷幄，但就是受不了委屈、冤枉。事实上，委屈、冤枉就是自己承受了别人犯的错误，而你受不起委屈、冤枉就是拿别人的错误来惩罚自己。面对这些“莫须有”，最好的办法就是“一笑泯恩仇”。不要拿自己的错误来惩罚别人。当自己感到冤枉或遭遇不公正对待后，也冤枉他人或不公正地对待他人是不明智的。有时候当你伤害他人时，自己也再次受到了伤害。“己所不欲，勿施于人”方是正道。不要拿自己的错误来惩罚自己。如何定义完美好女人，万事不出差错就完美了吗？就好了吗？其实不然，任何人都会做错事、犯错误，完美女人同样如是。关键是她们能仔细找出错误的原因，认真吸取教训，确保日后不犯。

※ 往好处想是女人向上的生活态度

女人的人生就是一场又一场的比赛，没有永远的赢家，也没有永远的输家，只要不肯认输、乐观向上、不断努力，终能领略到成功的壮丽美景。诚如“乐观始于足下，悲观止于一里”所说，当三十多岁的女人遭遇困难、挫折、失败时，千万不要妄自菲薄。试着甩开消极的念头，往好处想，这样才能使你对生命充满希望，获取面对未知的勇气，支撑自己继续前行。唯有如此，我们才能不断淬砺出生命独特的色泽。

凡事都向好处想是三十多岁女人的一种积极进取的人生态度。在如今瞬息万变的社会形势下，每个女人都面临着更多的挑战、更多的机遇。遇事往好处想，才能弱化挑战、放大机遇，以饱满的热情把握机遇，增加成功的机会。

玛丽·贝克·艾迪是基督教信仰疗法的创始人，在她所处的那个时代，

人们认为生命中只有疾病、愁苦和不幸。玛丽的前任丈夫在新婚后不久就去世了，第二任丈夫也抛弃了她。玛丽只有一个儿子，却由于自己贫病交加，玛丽不得不在他四岁那年把他送走了。以后再没见过这唯一的儿子。

自己可怜的遭遇和不佳的健康状态使玛丽一直对所谓的“信心治疗法”极感兴趣。玛丽生命中戏剧化的转折点发生在麻省的理安市。那一天天寒地冻，玛丽在城里走路时突然滑倒在结冰的路面上，昏了过去。这一摔导致她的脊椎受到了重伤，使她不停地痉挛，医生甚至认为她活不了多久了。医生还说，即使奇迹出现而使她活命的话，她也绝对无法再行走了。躺在一张看起来像是送终的床上，玛丽打开《圣经》。她后来说：“我读到马太福音里的‘有人用担架抬着一个瘫子到耶稣跟前来，耶稣……对瘫子说，放心吧，你的罪被赦免了……起来，拿着你的褥子回家去吧。那人就站起来，回家去了’。耶稣的这几句话使我产生了一种力量，一种信仰。”

于是，在这种力量的感召下，她始终认为自己能康复并积极配合治疗。结果，奇迹真的降临了，她不仅下了床，而且能自己行走。

生命就是这样充满了不可思议。如果你想美好的事情，美好的心态就跟着来；如果你想邪恶的事情，邪恶的心态就会跟着来。你每天想什么，你就是什么样；你凡事怎么想，就会有什么结果。一旦你对潜意识下了命令，你的潜意识就不会和你争辩，它只会完全接受这个命令。玛丽正是对她的意识说：“我能康复，我能站起来。”结果，她真的如愿了。

诚然，生命中的每一个际遇、每一件事情不可能完全照着我们所设计的轨迹前进，朝着我们所预定的方向发展。但若遇到问题时只想到其中的瑕疵、缺点，那么你就只能陷入消极、烦闷的情绪中。凡事乐观点儿，往好处想，才能以快乐的心态积极寻找未来。

露西曾经精神崩溃过一次，起因是忧虑。她说：“我什么事情都发愁。我之所以忧虑是因为我太瘦了，因为我觉得我在掉头发，因为我怕永远没办法赚够钱，因为我认为我永远没办法做一个好妈妈，因为我怕失去我所爱的丈夫，因为我觉得我现在过的生活不够好，我很担忧我给别人不好的印象。我很担忧，因为我觉得我得了胃溃疡，我无法再工作，辞去了工作后，我内心越来越紧张，像一个没有安全阀的锅炉，压力终于到了令人难以忍受的地步。我控制不住自己的思想，我充满了恐惧，只要有一点点声音，就会使我吓得跳起来。我躲开每一个人，常常无缘无故地哭起来。我每天都痛苦不堪，觉得我被所有的人抛弃了，甚至上帝也抛弃了我。我真想跳到河里自杀。”

为了改变这种痛苦的生活状态，露西决定到佛罗里达州去旅行，希望换个环境能够对自己有所帮助。露西上了火车之后，父亲交给她一封信并让她在到了目的地之后再打开看。到达佛罗里达的时候正好是该地旅游的旺季，因为旅馆里订不到房间，露西就在一家汽车旅馆里租了一个房间睡觉。她想找一份差事，让日子充实一点，可是没有成功，所以她把时间都消磨在了海滩上，这却让她更加难过。这时，她打开了父亲的信，父亲写道：“露西，你现在离家一千五百公里，但你并不觉得有什么不一样，对不对？我知道你不会觉得有什么不同，因为你还带着你麻烦的根源——也就是你自己。你的身体或是你的精神，其实都没有什么毛病，因为并不是你所遇到的环境使你受到挫折，而是你对各种情况的想象造成的，你把一切都想得太悲观了。一个人心里想什么，它就会成为什么样子。凡事往好处想吧，这样你的一切都会好起来的。”

后来，露西认真思考了一番，发现父亲说的对。使她自己痛苦的，确实不是外在的环境，而是由于她过于悲观了。在了解到这点之后，露西的病逐渐痊愈了，人也越来越快乐了。

女人乐观积极的心态产生的暗示作用是巨大的，不但能影响自己的心理与行为，还能影响到生理机能的运转。遇事应多往好处想。困难是客观存在的，永远是问题，我们无法去改变，但三十多岁的你可以改变自己，调整自己的心态。

凡事往好处想、乐观处世的三十多岁女人大多能自信地开拓未来，即使逆境当头，也能秉着百折不挠的精神面对一次又一次的失败，将失败视之为他日成功的基石，不为逆境所困，持之以恒地付出，满怀信心地期待“山穷水尽疑无路，柳暗花明又一村”的人生美景。

※ 莫为小事烦恼，用笑脸迎接一切

在我们的日常生活中，有很多这样的三十多岁女人，她们面对各种艰难险阻时都非常勇敢，却被小事搞得心烦气躁、垂头丧气，尤其是琐碎的家务事。正所谓“清官难断家务事”，其实这并非清官无能，而恰是他们的高明之处，因为生活中有太多事情是不值得女人去计较的。

为小事而烦恼、伤神，这是每个三十多岁女人都会遇到的：或是生活上的，或是工作上的，或是学习上的，或是家长里短的，或是金钱纠葛上的……所有不顺心的事都会让我们觉得不如意。如果整天想着这些事而天天愁眉苦脸的，那就更难如意了。不要经常为小事而烦恼，过去的事就让它过去，解决不了的就放下，总之让自己放松下来，用笑脸迎接一切，让自己的生活过得开心。

丽娜在所有人眼里都可以称得上是一个成功的女人。她不到40岁，就拥有了一家业绩傲人的公司。她常化着淡妆，穿着简单而高雅的服饰，出入各种场合。大家都非常愿意和她相处，做生意时也会觉得和她合作很愉快。因此，她的生意越做越好。经常有同龄的女客户好奇地问她保持青春的秘诀是什么？丽娜总是这样回答：“我不知道。大概是因为我没有烦恼吧。年轻的时候，我常常为鸡毛蒜皮的小事烦恼，连男友说我是不是又吃胖了，我都会烦恼得睡不着觉，甚至会以为他不爱我了。后来，我爸爸因车祸去世了，我忽然发现自己看开了世间的烦恼，从此变成了一个快乐的人。”丽娜接着说，“其实我爸爸也挺不容易的。他20多岁就开始创业，40岁时就已经是一个大老板了。他车祸去世前的几天，正为公司少了一笔10万元的账而烦恼。他一向不爱看账本，那天，他忽然心血来潮把会计的账本拿出来瞧。管会计的人是他的合伙人，因为这一笔账去路不明爸爸开始怀疑两个人多年来的合作是否都有被吃坏账的问题。我爸爸因为这笔钱睡不着觉。睡不着就开始喝酒。有一天晚上应酬后开车回家，就发生了车祸。爸爸走了之后，

我妈妈处理他的后事时发现，他的合伙人只不过把这个公司的10万元挪到了一个子公司用，不久又挪回来了。没想到我爸爸为了这笔钱烦恼了那么久，最终……从我爸爸身上，我得到了这一教训，不要制造烦恼，不要自找麻烦，就以最单纯的态度去应付事情本来的样子。"

从丽娜身上我们可以感悟到：三十多岁的女人如果总因为不可能发生的事、不足挂齿的小事或事不关己的事而烦恼的话，日积月累下来，便会成为心病，甚至危及自己的生命。

也许你认为要想克服因为一些小事情所引起的困扰十分困难，其实不然。你只要稍微转移或改变一下自己的看法和重点就可以了，关注那些新的、可以令自己开心一些的看法。在烦恼摧毁你的心态之前，先改掉为小事抓狂的习惯吧，请记住下面这个原则：不要让自己为一些应该抛开和忘记的小事烦心，生命太短促了。

一次，启敏家的电冰箱不知道什么原因坏了，这让启敏不由得发起火来。她想这冰箱是名牌原装的，质量保证没问题，肯定不是因骤然停电造成的，一定是老公给电冰箱做清洁时弄坏的。当时老公对她说："把维修人员找来不就解决了吗？"可启敏当时一是顾虑那样做花销太大，二是又怕入户师傅是一个"二把刀"，而这冰箱是原装的，怕他修不好再把原装破坏了。老公见启敏这样，好像是在跟自己过不去，就拿起电话把他的朋友小君找来。小君问明情况以后对启敏说："你这冰箱已经用了快十年了，虽然是原装，但它容量小，而且是被淘汰的老型号。如果换代买新型冰箱作价不过百元，如果把这冰箱卖给一个收家电的可能就值50元钱。就因为这件儿老掉牙的家电，发这么大的火你值得吗？"启敏听小君这么说后也觉得挺有道理的。自己为此不至于发这么大火，还影响了老公的心情。

等启敏心情平复后，小君还不忘对启敏又进行了一通劝说。他让启敏在以后遇到事情时不要自己较劲，自己想不通可以和老公商量。此后，启敏老公说启敏的脾气小多了，心态也平和了不少。

生活中不要总是因一些鸡毛蒜皮的微不足道的小事而烦恼，像启敏这样为了一个旧冰箱出故障而耿耿于怀，影响老公情绪，不正是在浪费自己时间、白白耗费精力吗？

想想看，烦恼不但解决不了问题，相反还会把问题复杂化。人生在世就那么几十年，为什么非要让烦恼来占据自己的生活呢？所以，三十多岁女人要善于调整自己的心态，学会用忍让、宽容、知足常乐的心态排解生活中烦心的事情，化干戈为玉帛，才能不为小事伤身。要知道，换一种角度看世界，世界就会因你而不同。

第7章

女人增魅力，修养是此时最娇艳的花

女人如花，二十多岁的时候青春洋溢，艳丽绽放，的确让人怦然心动，但是，三十多岁的女人却更有"杀伤力"——更有魅力，更有智慧。而且这种智慧来自于内涵，来自于修养，是化妆所化不出来的。一个有良好修养的三十多岁女人举手投足之间所散发出来的魅力，是女人更高层次的美。

※ 善良，女人至尊宝贵的修养

对三十多岁的女人来说，最宝贵的修养就是善良。法国作家雨果曾说过："善良是历史中稀有的珍珠，善良的人几乎优于伟大的人。"中国悠久的传统文化也将"善"字摆于首位，强调与人为善、乐善好施、独善其身等。

善良，不是女人举止的温文尔雅，不是女人外貌的美艳动人，更不是女人身材的婀娜多姿。善良的女人，如黑暗中的星星之火，给人以光明；如干涸枯竭时的点滴甘露，给人以滋润；如徘徊迷惘时的片句点化，给人以希望；如迷惘无助时的一把搀扶，给人以能量。

真正善良的女人对他人的关怀来自心灵深处的真诚同情与怜惜、无私关爱与祝福，无须刻意掩饰，其本身就是她们内心最原始的一种纯朴、纯洁感情的升华，是她们得体修养的自然体现。

王萍满面愁容地走在街上，尽管她面对的是充满生机的一切：路边的桃花娇艳地开着，小草也露出了久违的笑意，可这所有的美丽景象都似乎与她无关，吸引不了她的注意。

王萍是一个小公司的职员，三十多岁的她，正是上有老下有小的年龄段。在这个阳光灿烂的下午，她要去找她的好朋友倾吐心思。因为她即将被裁员，希望朋友或许能给她出个主意，改善一下她的心情。王萍到朋友那里的时候，朋友正在临摹一位老人，说是为了近日的艺术展收集素材。这是一个很脏的老头，看上去和乞丐差不多，满脸的皱纹、污垢，让人不想与之亲近。

王萍想："为什么老人看起来这么可怜？他可能肚子都还饿着吧。为什么贫穷总是这样折磨人的梦想？虽然我挣的钱不多，但我想还是先帮助一下这个老人吧！"虽然听很多人说现在这样的人很多，其中有很多是骗子，但王萍始终相信这位老人是真的生活在社会的底层。于是王萍决定把她刚发的工资全部都赠给这位老人，以解决他的困难。

让王萍没有想到的是，第二天朋友跑来告诉王萍，说她撞上了好运。朋友说："昨天的那个老人是个很富裕的人，昨天他去逛街，是故意装成乞丐的样子的，他只是想知道自己如果是乞丐会是什么样子，只是想要体验一下生活。结果被你碰上了，你还给了他钱，老人家被你的善良打动了，决定培养你，因为他认为你是一个善良而且富有同情心的女孩，他还说要邀请你去他的公司工作，做他的秘书，扶持你的孩子读书呢。"

仅仅一个简单的举措，仅仅一些微薄的工资，就让我们看到了王萍的善良。王萍的善良如春风般滋润了老人的心，丝毫不显得做作、矫情，同时也彰显了王萍身为三十多岁女人的气质和修养。

善良不是每个女人与生俱来的附着物，而是在净化自身心灵的过程中升华而成的迷人修养。人们所感受到的女人的善良，如天使背部洁白轻柔的羽毛，让人感觉到温暖窝心；如拂面而过的丝丝微风，让人感到心旷神怡。女人的善良看起来很简单，却像是酷热中一股沁凉的风，严寒里一把温暖的火，负重上坡时后背的推手，贫穷潦倒时一张无署名的汇款，富甲一方时的一句逆耳的忠告，失意沮丧时一句真心的安慰，危难时刻的一罐救命之水……

曾经，在一座大山的深处，有一个小村庄。因为一年多都没下雨，庄稼几乎都旱死了，就连喝的水也快没有了。很多人都走出了大山去谋生。

原来村庄里有好多户人家，现在只有几户了。在这剩下的几户人家中，有一对母女。一天，女儿很想喝水，可她家的水缸里一滴水都没了。妈妈看着快渴死的女儿，决心出去找水，她不想女儿这唯一的亲人就这样离开她。

可妈妈找遍了整个村庄，一滴水也没找到。她太累了，晕倒了。等她醒来时却发现自己在一间小房子里，面前还有一罐水，妈妈兴奋不已，准备拿水去救自己的女儿。

正在妈妈准备离开的时侯，她突然看见一个女巫和一个快要渴死的人。女巫说："女人啊，我给你两个选择，一是你把这罐水拿回家，给你女儿喝；二是你把这罐水给这个快渴死的人喝。"女巫指指地上的人。妈妈思索再三，最终把这罐水给了那个快要渴死的人，因为她觉得这个人可能比女儿更需要水。

看着亲自喂这个濒死之人喝水的妈妈，女巫说："女人，你是个善良的人，你会得到好的结果的。"说完，女巫就把手一挥，只见天上下起了雨，所有的庄稼奇迹般地恢复了……

或许这不过是一个童话，但同样告诉我们善良就是女人最珍贵的修养，就像雪山脚下的淙淙细流，每一滴聚合的都是圣洁纯净的雪水。汇集成溪的善良之水一路欢声笑语，洗涤着沿途的污浊、腐朽、风尘，汇入人生的江河大海，周遭众人也因此感受到最本真的快乐。

在这种善良的修养中，我们倾听着生命燃烧的声音，欣赏着生命氤氲幽香的色彩，感悟着生命细腻温婉的魅力。女人因善良而美丽、清澈、快乐，这也是三十多岁的女人永远不令人厌恶的修养，是三十多岁女人暗香长留的永恒所在。

※ 诚实，女人芳香人生的根本

当诚实成为一个三十多岁女人光明正大、随时随地保持的修养时，这个女人就已经具备了成为好女人的根本。女人要诚实，诚实是最有力量、最有信心、最有修养的表现。真话最好说，不假思索，怎么表达都是诚实的；谎话最难讲，再怎么精妙也总有疏漏，所以，女人大可不必自己找罪受。

诚实的女人光明磊落，敢爱敢恨，敢作敢为，知难而进，愈挫愈勇。她们对待人生，能用诚实做火把，照亮自己和别人，驱走黑暗的阴霾；对待爱情，能爱得轰轰烈烈，海枯石烂，为爱人营造幸福的港湾；对待失败，能以诚实为座佑铭，虽败犹荣，赢得对手的尊重和东山再起的决心。

诚实的女人，经营着踏实的人生，而非一场游戏一场梦。电视剧《阿信》中的阿信，正是靠诚实实现了自己的心愿。

第一次去东京谋生的阿信，举目无亲，身无分文，本想去投靠梳头的师傅却没有被收留。阿信鼓励自己不要认输，她跪在屋门外，为梳头的客人擦鞋，客人走时，她送上深深的一鞠躬。

梳头师傅被阿信的行为所感动，把她留下来打下手。后来在师傅的重用下，阿信提前成为梳头工人。不料其他梳头工人因嫉妒阿信而集体提出辞职。面对这种局面，阿信认为错在自己，是自己破坏了历来的传统，于是，诚实的阿信决定继续打下手。

诚实的阿信处处为他人考虑，为了报答师傅的收留和提携之情，她对待客人更加真诚了，也因此赢得了更好的口碑。一直以来，阿信都将诚实和自信作为人生的向导。从女佣到老板、从摆地摊到开连锁超市、从一无所有到身家显赫，阿信也苦闷过、无望过，忍受过贫穷，遭受过丧子丧夫的悲痛，但她始终坚持做一个自主的女人、诚实的女人，用真心对待每一个人。

随着岁月的流逝，阿信也步入了老年，她最大的心愿是拥有一家像样的店铺。为了扩大生意，阿信以诚实为本，坚持薄利多销的原则，因此赢得了大批顾客，生意稳定而兴隆。终于，她拥有了属于自己的大店铺。

阿信就是这样一个把诚实作为自己人生向导的女人，而她也凭着这一立身之本，在自己坚持不懈的努力下，拥有了过人的成就，成为了人们交口称赞的对象。

诚实是女人难得的修养，驱使着女人义无反顾地向前走去；支撑着女人为工作顶起一片蓝天；激励着女人把自己的家营造成一个舒适的港湾。武秀君便是用诚实支撑起了原本残破的家。

一天，兰厂长突然接到一个电话："我是武秀君，我家赵勇欠你的 3 万元钱准备好了，你今晚来取吧。" 一年多以前，兰厂长就接到过武秀君的电话，问自己的丈夫赵勇是不是还有一笔欠款没有和他结清。

这让兰厂长很震惊。赵勇欠他的这笔货款已经好几年了，在 2002 年赵勇因车祸去世后，他就以为这一定是一笔死账了，没想到赵勇的妻子武秀君竟然表示要偿还这笔钱。而在一年后，武秀君真的兑现了自己的诺言。

兰厂长无限感慨地说："弟妹，赵勇不在了，我和他之间的经济关系也结束了。但是，你对我负责任的情谊并没有结束啊。"武秀君露出淡淡的笑容："当初，你们相信赵勇才让他赊账，这份诚心建立得不容易，我不能把它毁了。"

赵勇去世时只有 40 岁，当武秀君处理完丈夫的后事后，她发现丈夫生前

共欠银行贷款、农民工工资等270多万元，而儿家工程发包方也欠赵勇工程款近300万元。

面对这一情况，武秀君暗下决心，一定要把丈夫欠下的债务还清，要本着诚实的心经营丈夫留下的生意。面对如山的债务、年迈的公婆和未成年的儿子，武秀君擦干泪水毅然地选择坚强，走上养家糊口、替夫还债的艰辛之路。

在得知武秀君的想法后，赵勇生前的朋友和生意伙伴都被她的诚实所感动，一有活干就主动打电话给武秀君。武秀君就带着工人给人家装修、刷外墙涂料，挣来的钱除了维持家用其余的都用来还账。

儿子赵星融也偷偷地把妈妈给的伙食费省下来，要替妈妈还债，以至于有一天因吃不饱而晕倒。接过儿子递过来的308元钱，母子俩抱头痛哭。就这样，在赵勇去世后的3年里，武秀君先后偿还了300多笔欠款总计170多万元。而武秀君的诚实也为她换来了更多的口碑，生意渐渐地越来越好了，儿子也从她身上学到了诚实待人的品质，变得更加懂事了。

像武秀君这样诚实的女人，由内而外散发着睿智与灵气，永远会是人们心中的一道最靓丽的风景。

诚实的女人大方从容，她的一举一动让你无法怀疑她的真实。她可以坦诚地面对自己的出身、处境，笑谈对事情的看法；诚实的女人自由自在，她比奸诈的人更轻松，更有智慧，身心因没有机关重重的压力而活得更自在；诚实的女人更严谨安分，做事稳重、坚韧，是值得信任的中坚力量。

女人的诚实就像沁人心脾的香水，不但使自己散发魅力，也令周遭芳香扑鼻；女人的诚实就像神奇的钥匙，能开启最令人着迷的智慧和灵感；女人的诚实就像迎风飘扬的旗帜，能指引最宽阔的路途和前景；女人的诚实就像横空出世的坚毅之笔，能在波涛汹涌的人生浪潮中描绘自己的壮丽画卷；女人的诚实就是最艳丽的色彩，流淌着独一无二的内涵和修养！

※ 宽容,女人度量修养的指标

俗话说"宰相肚里能撑船",宽容也渐渐成为度量三十多岁女人修养的重要指标,成为女人立于世间的名片。宽容的女人,行事平和,厚德载物,雅量容人,推功揽过,待人宽严适宜。

拥有"海纳百川,有容乃大"的胸怀的女人方能积聚过人的智慧,静心放下些微薄利和扰人琐事;拥有"温文尔雅,大度细心"的气度的女人方能保持谦虚理智,在人生之路上行走得坦坦荡荡;拥有"大气磅礴,缜密谨慎"的性情的女人能在各行各业中独领风骚,令自己的生命流光溢彩。女人的宽容不仅是一种"海量",更是一种修养促成的智慧,只有胸襟开阔的女人才会将宽容应用得灵活自如。

宽容是女人最好的修养,如大海之宽广无边,如天空之辽阔深沉。宽容的女人,性情温和,干净得体,修养良好,社交适宜,凡事有自己的观点和看法,不会人云亦云;宽容的女人,温柔细心,柔软有度,不会轻易发脾气,懂得控制自己的情绪,处事恰到好处,遇事不会拖泥带水,有一颗柔软善良的心;宽容的女人,成熟守信,理智处事,严明应对,能力充足,镇定平稳,有处理问题的良好方法。

幼林就是用一颗宽容的心让丈夫戒掉了烟瘾的。一次,幼林丈夫的几个朋友来家里看球。男人看球,总离不开香烟。直到球赛结束,才发现不知不觉中,男人们已经抽了好几盒烟了。

这期间,幼林也一直在旁边陪着,但是,她竟然什么也没说,只是在他们不注意的时候,打开窗子,让新鲜的空气进来。丈夫的朋友们都觉得很奇怪,就问:"你怎么就不管管他和我们这么抽烟呢?" 幼林笑了笑说:"我也知道抽烟有害身体健康,但是如果抽烟能让他快乐,我为什么要阻止? 我情愿让他快快乐乐地活到 60 岁,也不愿意他勉勉强强地活到 80 岁。毕竟,一个人的快乐不是任何时候或者金钱可以换来的。"

听完这番话，朋友们都感叹幼林是个宽容的好女人，能娶到她真是福气。又过了一阵子，当幼林丈夫再和朋友们聚会时，朋友们发现他已经戒烟了，便纷纷询问他原因，幼林丈夫微微一笑，害羞地说："幼林能为我的快乐着想，我也要为她的一辈子着想啊，怎么能提前离她而去呢！"

对幼林来说，可能这仅仅是件小事，但她的一番话却让我们感受到她对丈夫的宽容。

宽容，是一种可贵的修养，不苛责万事万物，欣赏世上各种美景；宽容，是女人的一种博大胸怀，用一颗友善的心，容纳别人或自己的缺点，装下整个世界的风霜雨露；宽容，是女人的一种福气，一生中福气有多种，其中最恒定的就是宽容，因它并不是谁给予的，而是对自我的赐福，是自身修养的提炼和升华。

※ 勇敢，女人别样生命的奇葩

在你为目标、理想和心愿追求拼搏时，常常会遇到各种各样的困难和风险，这时你需要努力克服困难，敢于承担风险，勇于进取，而这一切的着眼点就在于勇敢。女人要勇敢，敢于披荆斩棘，不怕刀山火海，不怕威逼恐吓，不怕挫折，一往无前，不达目的誓不罢休。

勇敢是女人的一种思维和行为习惯。当你面对陈规陋习、传统糟粕时要敢于除旧布新，不怕保守势力的讥讽，不怕世俗闲杂的眼光；当你看到黑白颠倒，是非不分时，路见不平要敢于挺身而出，拔刀相助；当你面临个人利益的损失时要敢于明大义，识大体，懂得分清轻重缓急。《澳洲乱世情》中的色拉正是用勇敢征服了这片荒漠之地，同时也得到了新的爱情。

色拉原是英国的贵族，丈夫在澳洲做生意，却不幸被人刺杀了。为了保护自己所继承的土地，她千里迢迢来到澳洲。

当色拉踏上这片荒漠的土地时，她的命运也就接受了一项艰难的挑战，她不仅要面对这片土地里的粗野不羁的放牧人，还要和对她财产图谋不轨

的尼尔进行斗争。一个柔弱的女子，一个在英国高傲的公主，当她踏上这片土地之后，就发生了脱胎换骨的变化。

引领这一切蜕变的正是她的勇敢。首先，她勇敢地辞退了动机不纯的尼尔的走狗捷克。辞退的时候，她没有想到事态的严峻，但她的善良无法忍受捷克对男孩的虐待。正是由于她的善良，她从此赢得了土著男孩及其家人的爱戴。

当严峻的问题摆在她面前的时候，她又抛弃了贵族的骄傲，勇敢地去祈求放牧人牛仔来帮她的忙。牛仔刚开始的时候根本就没有把这个皮肤白皙的女人放在眼里，但最终还是被她的诚恳和勇气所打动，决定帮助她，和她一起驱赶牛群。完成了穿越半个澳大利亚抵达达尔文港口的奇迹。

一路驱赶牛群的队伍中，都是一些不称职的帮手，有黑人、黄种人、土著人，还有一个黑人和白人的孩子。他们都团聚在色拉的周围，没有了民族的界限，更没有了种族的歧视，仅仅是被色拉的勇敢所打动。一路上，色拉的情感在发生着变化，由原来的不情愿接触牛仔，到最后被牛仔的人格魅力深深地吸引，继而不知不觉中爱上了牛仔。

牛仔也爱上了色拉，他完全是被色拉的执著、勇敢而征服，直到最后“二战”爆发，牛仔在认为色拉已经死亡的情况下，还冒死去孤岛营救那些可怜的孩子，也完全是受色拉的勇敢所影响。

色拉就是这样一个女人，不仅集美丽丰韵于一身，而且还是一位非常聪明勇敢的女人。所以她能用自己的修养让周围人折服，并心甘情愿在她的影响下走上新的生活，完成新的飞跃。

女人就要像色拉一样学会勇敢，想做的事就果敢地去做，想说的话就大声说出来，想要的幸福就大胆去追求。

女人要有勇气，要勇敢，要相信自己能战胜任何困难。“我不是弱者，虽然我是病人，但我要继续工作，继续生活。我会勇敢、积极地面对这次的病。这场仗我一定可以打胜，一定可以。”这就是身患癌症的梅艳芳鼓励自己时所说的话，虽然她早已香消玉殒，但她仍然是大家心目中的勇敢女人。

梅艳芳是一个好强的女人，一直以来都是。她演戏要比人家演得好，唱歌要比人家唱得好，就算是喝酒划拳，她也一定要赢，哪怕到卫生间吐个半

死，她也不愿意承认自己输了。

在很多人的眼里，梅艳芳是个坚定、刚毅、豪爽，有着“大姐大”气势的女人。成龙每次不开心的时候，首先想到的就是要找她倾诉。那么狂傲不羁的谢霆锋也愿意叫她一声姐姐，听听她的建议。在女演员遭遇苦难时，往往也希望有她的庇护和支持。

梅艳芳一直以勇敢、乐观的样子示人，包括她得了子宫颈癌之后，她最终依然决定笑呵呵地全部承担。即便母亲已经知道了，尽管朋友们也知道了，但她最终还是要一个人勇敢而孤独地与癌症抗争，她承受了这一切，乐观、勇敢地承受了。虽然也曾不可避免地感到凄凉和悲哀，但她还是决定勇敢面对，而且还积极地工作。在与病魔抗争的同时，她继续以专业的精神，尽力以最好的态度来延续自己的艺术生涯。

梅艳芳毫不忌惮地多次重复战胜癌魔的决心，用自己的语言和行动证明自己的不言放弃，证明了自己力抗到底的心态。这位在亚洲红透半边天的女艺人，勇敢地向来自国内，日本以至马来西亚等逾百家传媒机构亲述几个月来抗癌的心情。她虽然身材纤瘦，面带倦容，但她在陈述过程中，嘴角一翘，握紧拳头，表现出了她不服输的决心。梅艳芳还能哈哈大笑，恰是她勇敢的体现。

女人的勇敢并非与生俱来，梅艳芳生来也不一定就是个勇敢的人，她是在与现实的不断斗争中才逐渐历练出了勇敢的品质。

三十多岁女人的勇敢之路未必非得轰轰烈烈地伴随着激昂的进行曲，她完全可以是平淡生活中的生命力的表现，是自身修养的自发行为，只要拥有根植于心灵深处的价值和与生命美好相连的修养，那么一颗平常心也会变成一颗勇敢的心。

当一个女人走到生命的终点，回顾过往的一生，痛感自己因为怯懦而放弃了生活给予的那么多精彩时，这是最痛苦的自责。每个三十多岁的女人都要勇敢，要敢于面对生命和死亡，只要在回忆的过程中能体会到勇敢的快乐，对自己满意就足够了。要知道，勇敢是令女人修养更出众的必需品，是令女人绽放全部魅力的法宝。

※ 谦虚,女人良好修养的养料

谦虚是女人一切良好修养之首。谦虚的女人内心深处储藏着勃勃生机和无穷的活力。她们处于低谷时不颓丧,遇到困难时不退缩,一帆风顺时不得意,功成名就时不忘形。有句名言说得好:“微少的知识使人自豪,丰盛的知识使人谦虚。所以空心的禾秆清高地举头向天,而充实的禾穗却低头向着大地,向着它们的母亲。”

三十多岁的女人做人要谦虚低调,不刻意显示自己,这样才能拥有更平易近人的修养,才更能亲近别人,博得更广泛的人缘,在事业上有所成就。

中央电视台著名主持人敬一丹是新闻评论部中众多名嘴公认的“大姐”。坐在演播室里主持《焦点访谈》的敬一丹,留给观众的印象是从容、冷静、大气和谦虚的。敬一丹认为主持人所应具备的最重要的修养就是要谦虚而有亲和力,这样才有人缘。其实敬一丹的这种“人缘”也表现在与同事们的工作之中,在这个集体里,她因谦虚而被大伙儿尊敬地称为“敬大姐”。

在成为《焦点访谈》主持人之前,敬一丹是中央电视台二套《一丹话题》栏目的主持人。1994 年《焦点访谈》栏目刚刚创办时,敬一丹主持的《一丹话题》正是红红火火的时候,但是谦虚的她为了再次挑战自己,毅然放弃了一个已经很成熟的栏目而投身到《焦点访谈》中去当一名编播合一的记者。在《焦点访谈》这样一个充满冲击力的节目中,敬一丹的“谦虚有礼”显得有些格格不入。白岩松也在他的书里写道:“敬大姐在我们这一群尖酸刻薄的人里显得有点不一样。”但正是这种另类,使敬一丹形成了自己独特的风格。她的那种谦虚使节目更显得更具真实性;她的那种冷静,使节目显得平实厚重;她的那种修养,使节目增加了权威感;她的那种从容,也使节目增添了不少的亲和力。敬一丹自己就公开承认自己不酷。她说:“我觉得,在我们这样一个很大众的节目里,跟酷什么的远了一点。但是我能接受别人酷,比方说有一些赏心悦目的节目,以年轻观众为主要对象的节目,也挺好的。但是我只能是欣赏，让我在《焦点访谈》里酷一下的话，我想大多数观众是不能接受的。我觉得我的穿着是挺土的，也挺随便的。但是，在节目里头，穿什么样的衣服也不是一点想法都没有，比如说《焦点访谈》这样的节目，是很大众的，它大众到了有的时候要有意识地远离时尚。《焦点访谈》的观众中平民百姓居多，甚至有一大半是农民，尤其是有相关内容的时候，我都要求自己在穿着上，包括发式上都尽量大众化。人家都说，你这发式怎么十几年如一日啊？其实我连剪头发都不希望观众能看出来，就一点点剪，让屏幕上的形象稳定。”

敬一丹谦虚的形象和修养，能把一些锋芒毕露的话语处理得很合理，把握到语调的顿挫，就像和朋友交流一样，能在比较平和的状态下主持节目，表达百姓们日日关心的话题，所以相当受欢迎。

在生活中，骄傲的三十多岁的女人是没有多少生存空间的，只有谦虚的女人才能因自身得体的修养而得到人们的爱戴。永德县老干部活动中心局长尹玲琴正是以谦虚有礼的修养深受老年朋友们的喜爱。

尹玲琴从事老干部工作已经数年，现如今三十多岁了。但她长得雅致乖巧，一张可爱的娃娃脸，而且性格活泼开朗，待人亲切随和，在老干部眼里咋看都是个“娃儿”。刚到永德县委老干部局时，虽说早已做好心理准备，知道老干局与县委办不可比，但她怎么也没想到会是如此简陋的办公室：几张破旧的桌椅和一部电话，满地的灰尘。当她想拖地时却连个拖把都找不到。没有做不了的事，只有想不到的事，尹玲琴下定决心竭尽全力改变老干部的工作现状，并为自己立下“军令状”：力争建一流队伍，创一流服务，树一流形象，坚决不落伍不掉队，努力走在全县前茅；千方百计保证老干部各项费用不拖不欠，每年至少为老干部实实在在做两至三件好事；全体干部职工通过一年的学习培训和思想教育，务必转变观念，重塑老干部工作队伍新形象；两年内更换老干部工作用车，办公室工作人员熟练掌握计算机操作，实现办公自动化；三年内建成老干部活动中心，保证老干部老有所学、老有所乐有阵地，全体干部职工服务意识、服务能力和服务水平全面提升，实现县委满意、老干部满意、自己满意、社会认可。

有了目标便有了前进的动力，尹玲琴开始为她的目标奔波忙碌了。尹

玲琴的人缘好那是众所周知的,她担任过团县委书记,群众基础好。较好的人际关系加上有在机关办公室的工作经验,她的沟通协调能力让人羡慕,办事之认真细致让人咋舌。那段时间,她几乎没在办公室呆过一天,总是这个单位出,那个单位进。尹玲琴深知老干部工作仅靠老干局那是永远都做不好的,老干局一定得起好穿针引线的作用。所以尹玲琴就经常往返于人事、财政、社保、卫生、文体等部门,随时沟通协调老干部工作中遇到的新情况、新问题。老干部的事,其实大家都挺重视和关心的,只要沟通协调好了,一切都会办得顺利。

谦虚的尹玲琴将"谦虚学习,真诚待人,踏实做事"视为自己的为人准则。她常说:"三人行,必有我师焉!择其善者而从之,其不善者而改之。"老干局的干部职工年龄老化,她知道急不来,她在工作中让大家用心去发现每个干部职工的优点,并谦虚地向他们学习,并号召大家互相学习。久而久之,大家在愉快和谐的氛围中不知不觉地就进步了、提高了。多年来,她没给大家上过什么"政治课",而是用自身的良好修养感染着身边的每一个人。

在老干所,尹玲琴的谦虚让大家由衷的敬佩,尹玲琴的修养让大家交口称赞,是尹玲琴的存在使得老干所变成了每个老人温暖的家。

正如"对上司谦虚,是一种义务;对同事谦虚,是一种礼遇;对部下谦虚,是一种尊贵"这句话所说,三十多岁的女人应该保持谦虚的个性,并以此为基础历练自身的修养,以良好的修养真诚地笼络朋友们的心,让他们自愿陪在你身边,把欢声笑语带给你,把幸福美满带给你!

※ 感恩,女人诗情人生的来源

感恩是三十多岁的女人发自内心地感谢他人,然后用真诚的语言表达给对方的过程;感恩是三十多岁的女人对他人答谢的表现,是一种良好的人际互动。学会感恩能使人情绪平静,享受处处充满爱的感觉。

女人怀着一颗感恩的心生活,便是给日子增添了爱的眼睛,给自身的修

养镀上了无法复制的光环，为自己的生活增加了诗情画意的色彩。

的确，感恩有种让人难以抗拒的魔力，能用感恩之心看待周围的种种，你就会发现自己的修养在潜移默化中得到了完善，而你与朋友、同事、下属或客户之间的距离也在无形中拉近了。

在一家出国咨询公司做高级文案的张莉，一直从事着文字翻译工作，做了四五年。在从前的工作中，她行事小心翼翼，却也默默无闻，很少有机会展示自己的能力。

后来，她跳槽到了一家新公司。刚到新公司第一个月，老板非常欣赏地对她说；“小张，好样的，你已经是公司的正式员工了。”听后，她开心不已，也非常感恩老板对她的赏识，下班后还乐颠颠地继续加班。当老板对她说“小张，你的翻译文案写得真好，我做十几年都写不出你这样的水平”时，张莉觉得自己这段时间的辛苦确实没有白费，老板的赞赏是对她最大的认同，她也因此更感谢老板的知遇之恩了。

此后，张莉一改曾经的慢条斯理，她将自己的改变归功于老板的赏识，她说：“是老板的赏识令我懂得了感恩，而我的生活也因此变得多姿多彩起来。”

真诚的感恩如令人愉快的催化剂，散发着难以想象的动力。女人学会感恩生活，生活才会赐予你灿烂的阳光，进而拥有良好的修养；否则，只知一味地怨天尤人的女人，最终会一无所有。亦佳正是用感恩的心活着，才感受到了生命别样的色彩。

孩子已经几岁的亦佳如今三十多岁了，正是风华正茂的时候，却在一天晚上在和朋友回家穿过一个十字路口时，被一辆高速闯红灯的轿车撞倒了。目睹这场车祸的人都觉得这两个女人肯定难逃一死，但亦佳却幸免于难。

可怜的亦佳遭受了骨盆、腓骨和踝关节骨折的重创，还有子宫穿孔及卵巢、肾脏、膀胱受伤，她的心脏和右肺也受到了损伤。曾经的亦佳身体健康，现在却每天和痛苦相伴。

一般来说，像亦佳这种骨盆损伤的人基本不能行走了，但不必和亦佳交谈很多你就能知道她是个非常有决心的人。如今，亦佳已经可以瘸着走路了。亦佳尽量让探访她的人知道，对于他们的探访和礼物，她是多么的感

激。“有时我会去和那些人说：‘谢谢你那天去看我，那天我正待得无聊呢。’我尽量把所有为我祷告的人加在我的祷告名单上，要不然对他们不公平。他们为了我花了许多时间和精力，对我有很强的信心，应该得到报答。”

亦佳说：“我本来是该死了的，可是活下来了，我对此很感恩。虽然我的身体残疾了，但是我的修养是健全的，而我有责任让我的修养更健康。”亦佳觉得她比以前更乐于助人了。“当你受了许多苦以后，你对别人和别人的感觉变得更敏感了，我觉得这就是上帝的目的，他使我变成了修养更好的女人。”

出院后的亦佳也经常对孩子和家人说：“不要把注意力集中在你自己身上，尽量想想明天。对任何事情学会感恩，渐渐的，你就会发现生活不一样了，而自身的修养也不一样了。”

对三十多岁的女人来说，生活是一面镜子，你笑，它也笑；你哭，它也哭。学会感恩生活，你就会是一个修养出众的女人。感恩生活中看到的明媚的阳光，感恩每天吃到的丰盛的午餐，感恩丈夫送的每一份礼物，感恩孩子的每一点成长，感恩朋友的每一次祝福，感恩父母的每一声鼓励……

三十多岁的女人懂得感恩并心怀感恩地生活着，幸福就会无所不在，修养就会越来越好，诗情画意会尽在心间。

※ 柔情，女人绽放魅力的法宝

在生活中，人与人之间的摩擦与纠纷是难以避免的。温柔的女人在面对这些不愉快时，即便涉及到自身的原则问题，也不会闹脾气、存成见、居高临下、杀气腾腾地采取压制他人的态度，而会平等地和他人交换意见，保持自身良好的修养，使自己拥有一个宽阔的生存空间和令人赞叹的得体修养。

温柔是三十多岁的女人对待社会的合理态度，是女人处理关系的有效手段，是女人广结人缘的良好性格保证，是女人个人修养的至高境界。

著名歌星邓丽君能引得万人敬仰也是因为她温柔的个性。邓丽君在生

活中既讲究又不讲究。她特别讲究礼数，每次出去演出同乐队合作，她都要给乐手们买礼物，每人一条烟、一瓶酒。演出之后，她也肯定要自己出钱请大家吃宵夜，这是她雷打不动的习惯；但是她对自己的待遇要求特别不讲究，愿意把自己当作一个普通的一员。公司给她配了奔驰车，安排她住五星级酒店。按照她的走红程度，她完全配得上这种待遇。但是她不喜欢。她经常直接把司机打发走，坐朋友的底部漏洞的小汽车，而且一屁股就坐在副驾驶位上，她还会温柔地说："你的车好，连洗手间都有。"她也不爱住酒店，反而愿意到普通朋友家里玩，跟朋友一起吃点炒豆干这样的家常菜。

同她温柔的外表一样，邓丽君的内心也很传统、很温柔。她不喜欢交际应酬，还经常请朋友帮她挡掉一些邀约。"你说她温柔呢，她也会有很'轰动'的举动。"她的一个好朋友如是说，"我曾经开过一间小歌厅，客人们经常边喝酒边自己到台上唱歌。没想到有一天丽君竟然要我带她过去玩，当时可把我吓了一大跳。这可是大明星呀，万一有客人喝多了骚扰她怎么办？大明星大多都惜歌如金，万一客人非要让她唱歌怎么办？但是她自己一点也不在意，就悄悄地跟我太太过去。她很温柔，不管是合影还是签名都不拒绝。大家请她上台唱歌，她就很自然地就上台，一点不摆架子。说来也怪，台下连起哄的都没有。人们都是打心眼里被她的修养折服了。"

这就是温柔的女人散发的魅力，或许她根本不用说什么，也根本不用做什么，仅仅是温柔的举止便为她聚拢了人缘。

温柔是女人幸福的源泉，是女人粉碎怨仇的激光，是女人化解矛盾的抗生剂，是女人提高生活质量的能源，是女人身心健康的滋补品，是女人得体修养的修炼真经。台湾知名影星张庭便是这样一个温柔似水的女人。

还在做幼儿园教师时，张庭就在一次逛街时被广告公司的星探看中，找她拍了一支洗发水广告。广告片中的张庭外型清秀，举止温柔，很快便吸引住了观众及制作人的目光。随后，张庭就被导演邀请拍了她的电影处女作《到阴间出差》。通过拍这部戏，张庭觉得自己更适合表演这一行当，于是辞掉幼师工作，专心在演艺圈发展。

自19岁踏入影视圈以来，张庭那甜美无邪的笑容、水汪汪的大眼睛和深深的酒窝一直是被看好的优点，但随着年龄的逐渐增长，张庭因那成熟妩媚

的风情、温柔的个人修养的自然展现反而更大受欢迎，甚至受到了香港著名导演徐克的青睐，找她和吴奇隆、杨采妮合拍电影《花月佳期》。张庭在片中饰演一个外表温柔实则心如蛇蝎的美少女，这堪称是她突破戏路的一次大胆尝试。此后，她片约不断，相继接拍了《养子不教父之过》、《戏说乾隆》、《江湖再见》、《梦醒时分》、《苍天有眼》、《黄飞鸿与十三姨》等三十多部影视片。

在是非频繁的娱乐圈中，张庭那不爱出风头、温柔的举止使她的人缘一直非常好。拍戏以来，她从未挨过骂，即使是以“凶”出名的导演林福地，都对她疼爱有加。说到自己的缺点，张庭认为自己太情绪化了，与人相处时常发生自我问题。不过在工作场合上，她尽量不让自己的情绪发泄出来。拍戏期间大家朝夕相处，有时外景一出就是从早到晚，收工前免不了会呼朋引伴策划余兴活动，张庭大多时候都是热情地参与“讨论”，结果讨论完后却第一个“落跑”。

她温柔的个性除了将她带入人生的事业巅峰外，还让她赢得了人生中难得的美满爱情。张庭与“宝岛第一小生”林瑞阳的恋情起初并不为外界所接受，皆因当时林瑞阳刚与太太离婚，就迅速与张庭好上，这不由得让人认为张庭是介入这桩婚姻的“第三者”，一时间形象大损。不过幸好伟大的爱情令他俩携手度过了众多的风风雨雨，挺过了巨大的压力。经过了多年的努力，公众不仅接受了他们，双方的影迷还为彼此的偶像献上了真挚的祝福。

温柔的个性历练出的得体修养使张庭成为交际圈中人人都需要的氧气、人人都愿意靠近的最活跃的音符，自然是事业顺风顺水，感情甜甜蜜蜜。

在社会中，温柔的女人常能不计利益长短，不论层次高低，在错综复杂的关系网中求得平衡，与人为善，修炼出令人赞叹的得体修养，成为人人愿意结交的红颜知己。

第8章

女人会表达，舌绽莲花不说青涩的话

小孩子说话是童言稚语，年轻人说话是豪言壮语，那30多岁的女人说出的话，该怎样形容呢？都说言语能够体现一个人的身份和涵养，30多岁的女人显然应该拥有成熟的语言思维和妥贴的表达方式，那些略显青涩、幼稚的言辞已经不再适合你的身份。不管你的内心有多么年轻，言谈举止还是应该拥有属于自己年龄段的稳重，不求舌绽莲花、滔滔不绝，至少也要掷地有声、打动人心。

※ 女人会说话，包罗万象的智慧

会说话是三十多岁的女人睿智、成功能力和良好生活态度的展示。当今世界竞争日益激烈，三十多岁的女人要想在社会上立足，除了要拥有参与竞争、迎接挑战所必备的知识和技能之外，得体的说话技巧、优秀的口才无疑会助你占据一个有利于发展的制高点，成为你迈向成功和幸福的筹码。

会说话的作用是全方位的。生活中，它能帮你开启与人谈天说地、交流感情、拉近距离的阀门，从而发展天长地久的友谊，赢得忠贞不渝的爱情，当你与他人关系出现瑕疵时，它是修复伤痕、治愈心灵创伤的疗伤神药。正如埃及谚语所说："有口才使你雄辩滔滔，占尽上风。"

一天，一家服装店走进一位客人要求退一件外衣。但是她已经把衣服带回家并且穿过了，只是因为丈夫不喜欢才拿来退。她辩解说"绝没穿过"，要求退掉。但女售货员赵琳在检查外衣时发现明显有干洗过的痕迹。

这时，赵琳考虑到直截了当地向顾客说明这一点，顾客是绝不会轻易承认的，因为她已经说过"绝没穿过"，而且精心伪装了没有穿过的痕迹。这样，双方可能会发生争执。于是，赵琳说："我很想知道是否您丈夫把这件衣服错送到了干洗店去了？我记得不久前我也发生过一件同样的事情，我把一件刚买的衣服和其他衣服一起堆放在沙发上，结果我丈夫没注意，把新衣服和一大堆脏衣服一古脑儿地塞进了洗衣机。我怀疑您是否也遇到了这种事情。因为这件衣服的确看得出已经被洗过的明显痕迹。不信的话，您可以跟其他衣服比一比。"

顾客看了看证据知道无可辩驳，而赵琳又为她的错误准备好了借口，给了她一个台阶。于是顾客顺水推舟，乖乖地收起衣服走了。售货员赵琳把话说到顾客心里去了，使她不好意思再坚持。一场可能的争吵就这样避免了。

赵琳的一番话既表现了对顾客的尊重，又营造了宽松和谐的交谈氛围，

令事情得到圆满解决。可见，女人会说话，尤其是在人际交往中，一句得体而智慧的话语往往能创造出意想不到的契机，从而起到事半功倍的效果。

是否会说话一直是决定三十多岁女人生活质量高低及事业优劣成败的重要因素。女人每天的喜怒哀乐往往由其言语来决定。一生成功于会说话的女人很多。口才好，说话流利会被人赏识，而既有才干又兼备口才的女人成功的希望则更大，因为你的才干完全可以通过言语谈吐充分地表露出来，使他人能更深入地了解你，重视你，把重任托付于你。

会说话的女人颇有一种不可思议的力量，能缓解周围紧张的气氛，为人送上丝丝轻松。会说话的女人，能流利地表达出自己的意图，把观点阐述得有条有理，一丝不乱，使别人心悦诚服地接受。同时，还能在对话中探知对方的意图，增加彼此的了解以建立良好的友谊。不会说话的女人，常会因不能完整表达自己的意思而无法使对方信服。

王红是一家化妆品公司的老总，她最不能接受的事就是凯迪拉克轿车的推销员开着福特轿车四处游说，就如人寿保险公司的经理自己不买保险。所以，她要求公司的所有职员都要用自己公司生产的化妆品。

一次，她发现一位下属正在使用另外一家公司生产的粉盒及唇膏，这位下属看到她吓得赶紧收了起来。王红走到她桌旁，微笑地说道："老天爷，你在干吗？你不会是在公司里使用别的公司的产品吧？"她的口气十分轻松，脸上洋溢着微笑。

下属的脸微微地红了，不敢吱声，心想这下该挨批了。但是，王红并没有发火，什么都没说就走了。第二天，王红送给了她一套公司的化妆及护肤产品并对她说："如果在使用过程中觉得有什么不适，欢迎你及时地告诉我。"后来，公司所有的新老员工都有了一整套本公司生产的适合自己的化妆品和护肤品。王红亲自做了详细的示范并告诉员工，以后员工在购买公司的化妆品时可以打折。王红亲和的态度，友善的口语表达，使她自然而然地与员工打成一片，成功地灌输了她的经营理念。

三十多岁的女人会说话，拥有滔滔不绝的口才，总能很愉快地成就很多事情，使周遭的人不知不觉地折服于其能力之下。因为她们懂得"到什么山唱什么歌，见什么人说什么话"。她们能将想要表达的内容动之以情、晓之

以理地表述出来，使人如沐春风。三十多岁的女人拥有了不起的口才，方能抓住机遇，逢凶化吉，才能左右逢源，处处顺行畅通无阻。

女人一生中，无论你选择如何度过漫漫人生，以何种方式生活或实现哪种目标，都无可避免地要与他人交往、沟通和相处。因此，会说话是女人智慧的体现，也是生活中最基本、最重要的头等大事。会说话是女人跨越人生和事业成功的第一道壕沟。如果你能灵活运用各类说话技巧，便拥有了打开成功之门的金钥匙。会说话的女人终将成长为无往不胜的卓越女性。

※ 说话要斟酌，适时沉默显内涵

如果话语是一朵热情绽放的娇艳花朵，那沉默就是为它无声奉献的种子；如果语言是顶风而立的挺拔大树，那沉默就是它赖以生存的根须；如果话语是远游四方的坚实巨轮，那沉默就是为它指点方向的舵手；如果话语是风驰电掣的尖锐利箭，那沉默就是它充满力量的弓弦，说话与沉默是相辅相成、情同手足的好兄弟。三十多岁的女人要学会说话、善于说话，也要学会沉默、善于沉默。

女人说话，尤其是在交往中，要多听取别人的意见和建议，说话前多斟酌考虑，不要随便发表议论。听不进别人意见的女人与祸从口出的女人都不会成为笑到最后的胜利者。只有多听慎言，做到凡事心中有数，该说则说，不该说就不说，才能更成熟地做人做事，彰显自己的深度。

古时候曾经有个小国派使臣到我国来进贡了三个一模一样的金人，皇帝十分高兴。但是小国的使臣提出了一道难题：这三个一模一样的金人哪个最有价值？

皇帝思考了很久，试了各种办法，还请来能工巧匠仔细检查，称重量，看做工，都没有发现有任何区别。皇帝十分苦恼，使臣还在宫中等着答案，应该怎么办呢？堂堂一个泱泱大国，如果连这种小问题都无法解答，实在有失邦国之仪。最后，一位老大臣想到了方法，解决了这个问题。

使臣被请到大殿参见皇帝，老大臣胸有成竹地拿出三根稻草分别从三个金人的耳中插入：第一个金人的稻草从它的另一边耳朵出来了，第二个金人的稻草是从它的嘴巴里直接掉出来的，而第三个金人，稻草进去后掉进了肚中，没有任何响动。老大臣当即说道："第三个金人最有价值。"使臣默默无语，点头称是。

"沉默的性质揭示了一个人的灵魂的性质"，这是梅特林克的名言。善于沉默的女人消隐在喧闹的大千世界里，世界因而述说了一个好女人难能可贵的内涵。

善于沉默是一个三十多岁女人思维厚重的积蓄，是离开羞耻、烦躁和厌恶的最佳选择和方式。著名诗人北岛这样表达沉默："也许最后的时刻到了，我没有留下遗嘱，只留下笔，给我的母亲。"鲁迅永载史册的不朽名言如此描述沉默："不在沉默中爆发，就在沉默中灭亡。"女人言语之间的沉默是望尽天涯路、独上高楼的无言思量，是三十多岁女人永不腐朽的存在方式，是平常心的最佳体验。

在纷繁复杂的世界里，在嘈杂喧闹的环境中，能保持一份冷静、一份耐心、一份洞察力、一份宠辱不惊、一份淡泊宁静的女人，注定会收获意想不到的惊喜。

一家享誉世界的知名企业要招聘一名处理琐碎敏感事物的高级职员。在面试的时候，前来的大多数应聘者都在高谈阔论，口若悬河，以求获得公司高层及其他员工的钦佩，唯有一名女性应聘者一直在喧哗的环境里沉默着。这个女人看上去三十多岁，仪态成熟，举止典雅宁静。

结果当从广播里传出一个微弱的声音："我们想招聘一名有着安静天性以及敏锐观察力的人，听到这个指示的人可以进来拿聘书。"时这个微乎其微的声音只有她听见了，也只有她拿到了聘书，取得了这个令人羡慕的职位。

这位优雅的女人正是运用沉默才成为了胜利者。其实在我们的生活中这样的故事随处可见。正如"大智若愚，大巧若拙"所言，真正有内涵的女人往往是那些嘈杂环境中的沉默者，她们往往会成为最终的胜利者。

在如今有些浮躁的现实生活中，女人们难免觉得自己非常厉害，总是只

看到自己的力量，而忽视他人的优势。总是觉得自己是强大无比的女人，便会有强烈的表现欲，不断地想说话、想炫耀、想展示。殊不知，这恰恰是最惹人讨厌的。人们往往会觉得这类女人毫无内涵可言，真正有内涵的女人，会懂得沉默的意义与价值，会懂得字斟句酌的珍贵。

女人在三十多岁时要修炼好自己的口才，与人交往，善于说话的人总是能占据先机。但信口开河却不是好的榜样，斟酌后的沉默有时更具备无言的力量。女人言辞的沉默绝不是麻木不仁的慵懒，不是拒绝感动与真情的矜持，不是害怕碰撞和承担的躲避，不是讨乖卖巧与敷衍的忽略，而是狂放之后的收敛，是豁达之后的冷静，是散淡之时的从容，是浮华之时的内涵。

※ 说话看时机，女人恰当做人是智慧

女人在三十多时不仅要研究说话技巧，也要讲究说话的时机。原本正确的话如果不注意技巧，不把握时机，不但起不到应有的效果，甚至还会带来负面作用。说话的时机也是三十多岁女人的一门必修课，学得深了，自然就受益匪浅了；学得不好，就会处处碰壁，做不成大事业。

所谓的把握时机最基本的就是要知道什么话该说，什么话不该说，在什么场合说什么话，遇什么人说什么话。这看似简单，其中的奥妙却不少，做起来也不容易。很多女人也都在这方面吃了不少亏，最终懊悔不已。《陋室铭》中有云：“山不在高，有仙则名；水不在深，有龙则灵。”女人说话也要如此：话不在多，点到为止；话不在好，把握时机为佳。

有的三十多岁的女人说话时常常旁若无人、滔滔不绝，不看别人脸色，不看时机场合，只管满足自己的表现欲，这是没有智慧和修养的表现。说话时应注意对方的反应，不断调整自己的情绪和讲话内容，使谈话更有意思，更为融洽。

同时，说话要看准天时地利。要知道，同样的一句话，你对一个人说，也许她肯全神贯注，但对另一个人说，她却可能会顾左右而言他。而某个时候

你对一个人说,她乐于接受并赞成,但换个时间,她却会觉得不耐烦。这分明是你谈话的对象在生活和性格上的不同,再加上他们当时心境的差异导致的不同结果。场合也是决定说话效果的重要环境因素,同样的话在不同的场合说,所产生的实际效果是不一样的。场合是交际时的地点与气氛。场合有庄重与随便、自己人与外人、正式与非正式、欢快与悲痛、公开与私下之分。因此注意说话场合,就是两面都要兼顾。

那什么是最佳的说话时机呢?对方工作正忙碌的时候,你不要去跟他说话;对方正焦急的时候,你不要去跟他说话;对方正在盛怒的时候,你不要去跟他说话;对方正在开心玩乐的时候,你不要去跟他说话;对方正在悲伤的时候,你不要去跟他说话。当然,也有特殊情形,比如对方正与你一起开心玩乐时,你乘机用轻描淡写的语气和他说话,比任何时候都容易成功。除了这种特殊状况外,你千万不要随便说话。因此和人交谈一定要注意时机。

把握住说话的适宜时机,是三十多岁女人得体做人的重要体现。看时机说话一般应注意这几种情况:应当在倾听者心情比较平和的时候去说明情况或提出批评建议;应当在双方的感情、认识差距缩小了以后再开口劝说;应当对把握不大的事情事先作出暗示。

琳达是美国一家公司的老板,她所拥有的资产超过数亿美元。一年,她和丈夫来到我国某城市考察以寻找合作伙伴投资建厂。经过多方努力,几天后,琳达坐到了谈判桌前,和她谈判的是我国某大型企业的领导。这位三十几岁的女领导以精明能干和通晓市场行情的本领而受到琳达的欣赏,特别是当琳达听了她对合资企业的宏伟设想后,她几乎已经看到了合资企业的美好前景。可就在准备签约的时候,这位女领导又颇为自豪地说了一句:“我们企业拥有两千多名职工,去年共创利700多万元,实力绝对雄厚……”听到这儿,琳达呆住了,她默默掐指一算:700万元人民币折合成美元是90余万,一个两千多人的企业一年才赚这些钱,这位女领导居然还表现得十分自得,看来合作以后这个企业肯定会令琳达大失所望,因为离自己预定的利润目标相差太大了。还好合同还没有签,于是,琳达当即决定终止合作谈判。

眼睁睁地看着马上就要达成的投资就这样飞了,原因仅仅是因为一句

不合时宜的话。试想如果那位女领导当时能保持安静，不就行了吗？这只能说明这个女领导说话还是没找对时机，甚至可以说她在商场摸爬滚打这么多年还没有学会如何说话，不知道在什么场合该说什么样的话，最终也因此而与一大笔投资失之交臂。

有的女人会犯同一种错误，即在不适当的场合中，把自己所拥有的一切话题全部谈完，等到需要她再开口时就无话可说了。这种现象，应该引起女人们的重视。

女人三十多岁时要修炼高明的说话技巧，应具备能很快发现听众所感兴趣的话题的能力，同时拥有能够说得适时适地、恰到好处的才能和天赋。这种能掌握优越时机感的女人，无论是在遭到突变，或是遇到阻碍时，都能转危为安，转祸为福，获得幸福而快乐。

※ 说话重诚信，女人言而有信是品质

言必行，行必果，是好女人为人称道的品质。古人云："人无信不立。"三十多岁的女人要想踏实做人，守住家庭和事业就离不开诚实守信。诚实守信是女人智慧做人的基石，没有一种成就是建立在谎言和欺骗之上的。

"信"字讲的是人在言谈中的诚实性，言由心生，表里如一。女人在言谈中要有诚信。心有诚意，口中说的话才会让人信服；口出信语，做人则必慎行，从而让人信赖。正所谓"自尊者人恒尊之，自敬者人恒敬之，自信者人恒信之"，这是人际交往的必然规律。

三十多岁的女人说话不是敲击锣鼓，而是敲击人的"心灵"，而敲击人"心铃"的最好方法就是诚实的语言。只有用一张诚实的嘴与人交流，才能换来彼此的心灵相通，坦诚以待。如果女人说话只追求外表漂亮，缺乏诚实的感情，开出的也只能是无果之花，无法言而有信地行走于世。

女人与人交谈，贵在诚实，只要你与人交流时能捧出一颗言而有信的心、真诚质朴的心，又怎能不让人感动？诚实的语言，不论对说者还是对听

者来说，都至关重要。说话的魅力不在于说得多么流畅，多么滔滔不绝，而在于是否善于表达诚实。最能赢得人心、最言而有信的女人，不见得一定是口若悬河的女人，反而是说话诚实的女人。

“互酬互动效应”是心理学家认为的人际交往中存在的效应，即你如果诚实地对待他人，对方也会以同样的方式对待你。如果你能用得体的语言表达自己的诚实，就会很容易赢得对方的信任，与对方建立起信赖关系。

“杀猪教子”讲的正是说话言而有信的故事，教育人从小就应该树立诚信做人的观念。一天，曾子的妻子要上街，她的小儿子哭闹着也要跟着去。妻子便哄儿子说：“你回去等着我，回来杀猪给你吃肉。”等她从街上回来，就看到曾子真的要杀猪，她急忙阻拦道：“我是跟孩子说着玩，哄他的，你干嘛当真呢？”曾子说：“同小孩子是不能开这样的玩笑的。孩子年幼没有知识，处处会以父母为榜样，听从父母的教导。你今天欺骗他，就是教他骗人，做母亲的欺骗自己的孩子，那孩子就不会相信自己的母亲了。这不是教育孩子的好办法！”于是，曾子杀了那头猪，煮了肉给孩子吃。

这样一个小小的故事告诉人们，诚实的话语才是能够打动人心的话语，才可称得上是“金口玉言 ”、“一字千金”。在生活中，有些三十多岁的女人即使长篇大论甚至慷慨陈词，可就是难以提起听者的精神；而有些女人仅仅寥寥数语，却掷地有声。这是为什么呢？原因很简单，因为后者能诚实地反映自己的内心世界，能设身处地地站在对方的立场，为对方着想。因此她们的话总是能打动人心。

说话诚信是作为三十多岁女人的一个基本的道德规范。与人交谈，首先要保持诚信。当然，“信”字还包含同心相知、彼此信任的意思，也就是说，女人在彼此交往中要以诚信相待，不因偶然事件而动摇，不因时光流逝而褪色，这才称得上真正的诚信。

说话是否诚信，对每个三十多岁的女人的生活、事业乃至闲暇娱乐都十分重要。言之有信的女人，处处都受人爱戴和欢迎，在生活中，她能认识许多本不相识的陌路人，共同进退；能与许多志趣各异、性格有别的人互相了解，彼此需要，共绘快乐；能够为他人排忧解难，消除误会与隔阂，共享美好生活。在工作及事业上，她能充分利用自己的语言交际能力来说服他人，使

工作顺利进行，左右逢源。可以说，说话的自信心与说到做到，是女人追求事业成功的必备条件和言而有信修养的体现。

※ 说话留余地，女人退一步说话是才智

中国有句俗话如是说："说话做事留一线，今后好见面。"即不要把事情做绝，不要把话说得不留余地。正所谓凡事留三分，一路有人跟。这犹如三十多岁的女人行走在独木桥上，你若不给别人留一定的余地，那被挤下水的有可能就是你。同样，女人说话亦是如此，要留一定的空间给别人。没有空间，你自己也便失去了回旋的余地，没有回旋的余地，你的思维就会被缚住从而一事无成，说话留余地是为了自己能更好地发挥。

三十多岁的女人说话要善留余地，要学会总揽全局，从大处着眼，小处着手，在细节上要做到精益求精，尽善尽美，拥有"忍一时风平浪静，退一步海阔天空"的风度和气量，不要把话说绝，免得把对方和自己都逼到死角里去。

说话留余地，首先要给自己留有余地。比如对没把握的事情在答应人家时，可以说"我试试看吧"或"我尽量帮你"，不要说"包在我身上"、"一定能办妥"。这样你如果尽力了但是又没办好，你自己也有退路。其次，要学会给别人留有余地。比如有人要约你，你不想去，可以说"哎呀，真对不起，我有事"或"等以后有机会吧"，不要说"我不想去"或"不行"。可能你不一定有事，但是你留有余地的拒绝，善意的谎言，可以让对方免于难堪，给对方一个台阶下。否则，既得罪了人，也害了自己。

有一次，王红向李敏借钱，但李敏知道王红借钱不是为了办正事，就不想借给她。王红说："真对不住，我最近手头也紧。要不这样吧，我去和我男朋友商量一下，看他能不能借点钱给我。"李敏当然不好意思这样，就赶紧说："不用了，不用了，那怎么好意思呢。我到别处想办法吧。"王红的话就留有余地，让李敏能自己下台，不至于尴尬，而自己的意图也得以实现了。

三十多岁的女人说话留有余地是一种善意的说话方式,不等同于圆滑世故、虚伪狡猾。因为把话说得不留余地而给自己造成窘境的例子在现实中比比皆是。这样做的结果,就如把水杯里装满了水,再也不能滴进一滴,否则就会溢出来一样;亦如把气球充满了气,再充下去就会爆炸一样。

由此看来,在现实生活中,三十多岁的女人应该学会说话留余地,不把话说满、把人逼上绝路。因为凡事总有意外,留有余地,就是为了容纳这些意外,以免自己将来下不了台。

张娟是列车上的产品推销员,她这次推销的是一种新产品——螺旋状的袜子。为了表明这种袜子的透气性,张娟随手拿起一只袜子,对乘客们说:"来帮帮忙,拿住袜子一端,使劲儿拉。"说着,她就和一位乘客对拉起来,袜子的韧性的确很好。

接着,张娟又随手拿起一根长长的针,在拉得绷直的袜子上来回划动,袜子也没有损伤,她说:"看一看,这种袜子不易抽丝。"紧接着她又拿起打火机,在袜子下面晃动,而袜子也未受到损伤。

在张娟的一番介绍之后,袜子在乘客手中传看。一位乘客随意地拿起针,只是一划就在袜子上划了一个洞,原来如果顺着纹理划不易划破,但并不是划不破。另一位顾客要用打火机烧,急得张娟赶忙补充说:"袜子并不是烧不着,我只是证明它的透气性好。"最后大家终于明白是怎么回事,但却没有乘客再愿意买袜子了。

张娟的遭遇告诉所有女人,在谈话时,尽管是你绝对有把握的事,也不要把话说得过于绝对,不留余地,这样容易引起他人的挑剌。与其给别人一个挑刺的借口,不如把话说得委婉一点。同时,如果你不把话说得绝对,还可以为自己赢得更为广阔的空间与对方交流。

有时候即使你与人发生口角,也不要口出恶言,更不要说出"情断义绝"、"势不两立"之类过激的话,不管谁对谁错,说话都最好留有余地,以备他日狭路相逢还有个说话的"面子"。三十多岁的女人说话多给他人留余地,其实并不仅仅是为对方考虑,对对方有益,更是为自己考虑,对自己有益,是项双赢的高招。

有道是"十年河东,十年河西"。在突飞猛进的当今时代,人际关系的

发展根本不用“十年”便实现了此消彼长的变化，人们相互间更是“低头不见抬头见”。女人如果把话说得太满，将来一旦发生了不利于自己的变化，就难有回旋的余地了。

总之，世间事恰如白云苍狗，变化良多，没有定数，未来更是不可预测，所以不要一下子把话说绝了，把路堵死了，这样对自己是有百害而无一利的。

※ 说话有分寸，女人谨慎有度是重点

世间诸事，有成有败，有得有失，而其中三十多岁的女人做事成败得失的关键在于对说话分寸的掌握。说话有分寸要求女人在人际交往中对语言、表情、动作等都要把握一定的度，力求谦恭有礼，得体自然，潇洒大方，同时注意说话的时机和方式。任何夸夸其谈或是词不达意的话语，都会影响相互间的交流。

三十多岁的女人在交际中要注意说话的分寸，尽量做到言语真诚、委婉，该说则说，不该说则应保持缄默，说话的程度及尺度应根据对象和交际目标而定。我国的一句古话叫做“说者无心，听者有意”。有时候，明明只是句无心之语，却“有意”地伤害到了他人。如此，轻则会引起对方的反感，重则会为自己引来灾祸。因此，当女人在与他人打交道时，就需要谨言慎行，注意拿捏自己说话的分寸。

一大早就听赵小惠不停地抱怨：“烦死了！烦死了！”一位同事皱皱眉头，不高兴地说：“本来心情好好的，被你一吵也烦了。”赵小惠是公司的行政助理，工作了很多年了，每天都事务繁杂，让她觉得很烦。其实，赵小惠性格开朗外向，工作起来认真负责。虽说牢骚满腹，但该做的事情却一点也不曾怠慢。

一天，赵小惠刚交完电话费，财务部的同事就来领胶水。赵小惠不高兴地说：“昨天不是刚来过吗？怎么就你事情多，今儿这个，明儿那个的？”抽屉

开得噼里啪啦，翻出一个胶棒，往桌子上一扔，“以后东西一起领!”这位同事有些尴尬，又不好说什么，忙陪着笑脸：“你看你，每次找人家报销都叫得那么亲热，怎么我一有点事求你，你的话就变难听了呢。”大家正笑着呢，销售部的同事突然冲进来，原来是复印机卡纸了。赵小惠不耐烦地挥挥手：“知道了！和你说一百遍了，先填保修单。”单子一甩，“填一下，我去看看。”赵小惠边往外走边嘟囔：“维修部的人去哪儿了，什么事情都找我!”

赵小惠所在的公司每年年末的时候都会选举先进工作者，大家虽然都觉得这种活动老套可笑，暗地里却都希望自己能榜上有名。领导们认为先进非赵小惠莫属，可一看投票，50多份选票，赵小惠只得了12票。有同事私下说：“赵小惠人是不错，就是嘴巴太没分寸了。”赵小惠自己很委屈：“我累死累活的，却没有人体谅，连个先进也没人选我。”

赵小惠的经历说明，女人在说话时要记住：在任何地方和场合都要注意说话的分寸，有时候沉默也是掷地有声的话语。无论你是在探讨学问、接洽生意抑或是交际应酬、娱乐消遣，凡是每一句从你口中说出来的话语，都要做到既有分寸又得体。即使你现在未必能够达到这样至高的境界，也应朝着这个目标去努力。

有俗语道：一言可以兴邦，一言可以亡国。且不说兴邦还是亡国，仅这句俗语本身而言就足以说明说话要有分寸的重要性了。三十多岁的女人在说话时，可以不开口的就尽可能做到三缄其口。嘴边不注意分寸，有很多害处，许多女人也吃过这方面的亏。所以作为女人一定要有“心计”，与人交往要把好口风，什么话能说，什么话不能说，什么话可信，什么话不可信，心里都要有数。

女人注意说话的分寸其实并不难，牢记孔子所说的“言未及之而言谓之躁，言及之而不言谓之隐，未见颜色而言谓之瞽”即可。

在公共话题进行时尽量避免毛躁的性格，你一定要徐徐道来，这才是合适的、恰当的、最有分寸的，这样才能显示你的修养和智慧。如果随便插话，则剥夺了其他人说话的权利，是不可取的。而轮到你发表意见时，应条理清晰有分寸地进行下去，并灵活运用优雅的肢体语言，活泼俏皮的幽默，如此能给人以自信、干练、聪明的印象，也有利于你未来的人际交往。

说话有分寸还包括在谈话中学会看他人脸色，你看看别人希望说什么，你能不能够说出来最合适、最有分寸的话，还需要自己有心理准备，你必须要做一个了解对方的女人。其实朋友之间永远是有尊敬有顾忌的，不仅仅是朋友，还包括亲人，夫妻、父子之间都应有所顾忌。每个人都有其生命中的荣耀与伤痛，真正的说话艺术是不断地放大他的自豪，而不去触及他的伤口。这就要把握谈话的分寸，也需要你有眼色，知道他喜欢什么，不喜欢什么。这不同于投其所好和拍马屁，而是你是否能给朋友一个宽容友好的氛围，继续沟通下去。

凡事纸上谈兵是行不通的，还需要在实践中历练、积累。这就需要女人三十多岁的时候把寻求“度”与把握“分寸”当成日后的事业去看待。

※ 说话有礼貌，女人仪态万方是要义

与人相处时，如何说话确实是一门艺术，值得三十多岁的女人细细琢磨。如果说话不当，不得体，不礼貌，非常容易在语言上伤害别人，造成人际交往中的不和谐。因此，如何说话、说话的礼貌都是不容忽视的。

三十多岁的女人说话时的态度和语气极为重要，有的女人谈起话来滔滔不绝，绝不容许他人插嘴，把大家都当成了自己的学生；有的女人为了充分显示自己的伶牙俐齿，总是喜欢用夸张的语气来说话，甚至夸大其词，危言耸听；有的女人以自己为中心，丝毫不顾他人的喜怒哀乐，谈的话题全是在显摆自己。这些女人常常给人傲慢、放肆、自大、不尊重人的印象，对个人的人际交往有百害而无一利。

你说话通常是为了与他人沟通，要达到这一目的，首先当然必须注意说话的内容，其次也必须注意说话时声音的轻重，还要在说话时注意保持与对话者的距离。说话时与人保持适当的距离也并非完全出于考虑对方能否听清自己的说话内容，另外还存在一个怎样才更合乎礼貌的问题。从礼仪上说，说话时与对方离得过远，会使对话者误认为你不愿向他表示友好和亲

近，这显然是失礼的；然而如果在较近的距离和人交谈，稍有不慎就会把口沫溅在别人脸上，这是最令人讨厌的。因此从礼仪的角度来讲交谈时一般与谈话对象之间保持一至两个人的距离最为适合。

在交谈中，无论是新朋友还是老朋友，一见面就得称呼对方。而每个人都希望得到他人的尊重，人们也比较看重自己已取得的地位。对有头衔的人称呼他的头衔就是对他莫大的尊重。此外，不管你的交谈对象是名流显贵还是平民百姓，你一定要选择大家共同感兴趣的话题。同时注意不要打听如对方的年龄、收入、个人物品的价值、婚姻状况、宗教信仰等的隐私话题，这是交谈中不礼貌的表现。

三十多岁的女人在说话时，一定要有礼貌，用心与人沟通。而不仅仅是毛躁地发表自己的意见，滔滔不绝，要学会以对方能接受的方式展开对话。女人说话时要说正派的话、善良的话、中肯的话，让他人知道你心里的想法，以减少沟通障碍。如果你交谈时哗众取宠、举止轻慢、信口开河的话，则难以树立自身的形象。当你与多数人在一起时，也不可只与一两个人谈话。当对方所述要求自己办不到或与他人意见相左时，若要拒绝或辩论，必须以委婉的态度说明原由，灵活机智地转换话题，这样容易幽默地推拒或弥补争端以缓和气氛，切莫语气严峻冷酷，毫无通融的余地，这容易令人难堪。

三十多岁的女人与人谈话时，要讲正事，谈正题，不要偏离主题地进行自我宣传。最好不要说或问别人难以回答的问题或事情。在说话过程中主动寻求他人的优点，尽量避免谈及缺点。谈话中，不能出现倦怠的神情，如打呵欠、屡屡看表、跺脚等，说话时要面带微笑，谦和有礼，态度亲切。言谈举止不可太过做作，故弄玄虚，这样容易让人反感。亦不可言词抽象，让人产生误解，语言表达要简单明了。

当对方的话尚未结束时，不可强行打断抢说。如须先说，则要征得对方的谅解。插话时也要注意用词的礼貌，宜多用“抱歉”、“打扰了”等词。女人在谈话时，要注意音调，速度适中，并应将内容说清楚，讲明白，不可贸然与人发生争执冲突，以免产生烦恼。与人交往中要尽可能地谈上几句话，如遇到有人想同自己谈话可主动与之交流。如谈话中遇到冷场，应设法使谈话有礼貌地继续下去。在谈话中如因故需退场，应向他人说明原因，并致歉

意，不要自顾自地一走了之。

在听别人谈话时要全神贯注，不可东张西望，或表现出不耐烦，应当积极地表现出对他人谈话内容的兴趣。听别人讲话就应该让别人把话讲完，不要当他讲到兴头时打断他。如要对别人的谈话内容加以补充或发表个人看法，也要等到最后，喜欢抢白和挑剔对方都是极不礼貌的。在聆听时积极反馈是种互动方式，适时地点头、微笑或偶尔重复对方谈论的要点，适度赞美都是必要的。

如要参加他人正在进行的对话，不要悄悄地凑过去旁听，应征得当事人的同意再进行，一言不发或自吹自擂都是令人扫兴的原因。

三十多岁的女人如想建立自己知性而又优雅的形象，帮助自己成功地打开交际网络，建立良好而广泛的人脉，那么学习有礼貌的说话是其中的重中之重，能起到事半功倍的效果。

※ 说话有条理，女人的逻辑思维是才能

每个女人都希望自己在人际交往中能谈笑风生。谈笑自若的女人往往很容易开展自己的事业，成就自己的蓝图。其实，想要成为一个口若悬河的谈话高手并不难，说话有条理、逻辑清晰是其中的根本所在。

三十多岁的女人如果说话有条理、有逻辑，说出的话妙趣横生，就能帮助你拓展工作圈和社交圈。如果在社交场合中能将你的想法行云流水般顺畅而恰到好处地表达出来，那将会提升你的人格魅力。

说话有条理就是要根据交谈的中心内容所涉及的话题程序安排好先后顺序。力求达到“众理虽繁，而无倒置之乖；群言虽多，而无棼丝之乱”。在交谈中说话毫无逻辑、前后矛盾，语无伦次，辞不达意是无法继续进行的。

世间万物错综复杂，各种关系盘根错节。如果你想把话说得头头是道，有条有理，那么就必须考虑说话内容的先后顺序，明白应先说什么，再说什

么，最后说什么，并在大脑里谨慎思考一番再说出来，切不要脱口而出。一般来说，事情有发生、发展和结束的过程，而其中的各个不同阶段又有时间和空间的差别。说话时，或沿着事情发展的先后顺序从一而终，或按空间位置的转换交替逐个说明，如此说话才能滴水不漏、杂而不乱。

当然，在谈话中有时为了加强表达效果也可以变更说话的条理及顺序，但这需要基于女人有清晰的逻辑思维能力，明白自己所要陈述的重点，并能合理地利用各事物之间的不同顺序体现出不同的侧重点。首先，你在说话前心中要有一个大纲，即这次说话要达到几个目的。然后在说话之中，按顺序一一落实。对没有达到目的的，要继续沟通，直到达到为止，这是说话的原则，不可不坚持。逻辑性就是要说出为什么，给对方演绎一个逻辑推理的过程。如果你需要回答一个问题，也要首先有一个大背景，即你说话的立场，这个立场是要绝对坚定的，是谈话中绝对不能动摇的；其次，提炼出问题的真正意图后，进行判断，确定提问者表达的意思与自己所持的立场是否不同。如不同，则要表明自己的立场，再进行逻辑推理，向对方说出道理；如相同，则注意一下你所持立场的性质边界上的细则便可。

说话没有条理的女人常让人产生不信任的感觉，她们常因为轻率的言语而将人引入信口开河、离题万里的泥潭。没有组织的言论，毫无逻辑的交谈，反映出一个女人思维的混乱，这样的人，也不会有人愿意跟她打交道。

三十多岁的女人想要说话有条理、有逻辑，首先要具有敏锐的观察力，能深刻地认识事物，只有这样，说出的话才能一针见血，并准确无误地道出事物的本质；其次，思维能力一定要严密而有逻辑，懂得怎样分析、判断和推理，如此才能把话说得有理可循、有条不紊；最后，还要具备流畅的表达能力，知识渊博、谈资广泛，才能把话说得生动有趣。

女人把话说得有条有理，有很大的妙用。而把话说得到位、有条理也体现了一种大智慧。言谈是三十多岁女人成功的敲门砖，语言有条理、有逻辑的女人更容易让人信任，常会被委以重任，如此便为她们提供了展示自我的平台，令他们快速找到自己的立足点，明确自己发展的方向，从而在人生的汪洋大海中平稳航行，让工作和家庭能稳定运行。

※ 说话要真诚，女人用心说话更动人

人在社会上行走一定要说话真诚。真诚的话语如一缕沁人的春风，能滋润孤寂的心灵；如一杯新沏的绿茶，安抚着酷暑下扰人的心境；如一滴心灵的洗涤剂，荡尽尘埃开启清澈的心房。说话真诚的女人往往给人一种成熟的可信任感，能在纷繁中演绎默契沟通。

女人真诚与否，不仅仅表现在是否告知他人关于你的一切，而是看在彼此间交谈的时候有没有欺骗的行为。对三十多岁的女人而言，卸掉虚伪的假面具，释放满腔爱意和友情，为感情营造温馨的氛围才是真诚所在。

有位三十多岁的女性心理学家到一家少管所访问考察并为在那里服刑的青少年辅导。当她在面对那些仍是孩子模样的罪犯时，一时竟不知该如何称呼他们。因为在她的家里，自己的孩子也只比他们小几岁而已。看着这些孩子，她想起了自己母亲的身份。

若叫他们为犯人，孩子们心理上必然会产生反抗情绪，这样对辅导教育十分不利，甚至会扭曲他们的人生观；称他们为先生，显然也不太合理。最后她开口说“误触国家法律的年轻朋友”。

谁料这一称呼却收到了意想不到的效果，那些孩子们在听到这一称呼时都专注地凝视着她，有的甚至还激动得哭了。辅导过程相当顺利，效果也很显著。

这位女心理学家一句真诚的称呼打动了服刑孩子们敏感的心灵，开启了他们脆弱的心门，显然这样的收效是她自己都未曾料到的。

女人一句真诚的语言常常包含三种含义：给予尊重，给予亲切感，对彼此相见或交往的珍惜。当她把这三样礼物通过一句真诚的话语传达给他人时，也展示了自身的热情、开朗、风度和涵养。

事实说明，三十多岁女人说话的魅力并不在于你说得多么流畅或滔滔不绝，而在于你是否真诚。当你用得体的话语表达出真情实意时，自然就为

你赢得了对方的信任，建立起了人际之间的信赖关系，对方也就可能由于信赖你这个人而喜欢你说的话，进而喜欢你这个人。

三十多岁的女人如果说话缺乏真诚，即使同滔滔不绝、一泻千里的演讲一样言辞流畅优美，也会因为缺少诚意而难以引人入胜。亦如同一束没有生命力的绢花，美丽优雅却不鲜活动人，缺少魅力。因此，女人说话要真诚，竭尽全力地将自己的心意传递给对方。只有当他人感受到你的诚意时，他才会打开心门，才能实现彼此的沟通和共鸣。

女人真诚的话语好比温润的细雨，滋养万物细润无声；好比潺潺的流水，温婉动人丝丝入扣；好比融融的春光，明媚照人风华正茂。女人真诚的话语能使人与人之间的气氛变得愉快、祥和，好比化学反应中的酸碱中和，往往能够化干戈为玉帛，使双方真诚地握手言和。

真诚是女人一种思想上的健美操，需要经过长期的修养锻炼；真诚是女人一种文化的积淀，需要达到一定层次的要求水准；真诚是一个女人整体素质的组成因素，体现着这个人的精神世界、道德情操以及文化素质。

女人三十多岁时说话贵在真诚，当遇到困难、挫折、不幸和苦恼时，真诚的话语和问候能赐予他人极大的安慰和支持。真诚是三十多岁女人说话的最高境界，一个说话真诚并乐于面对生活的女人，定能成为一个真正拥有幸福和快乐的女人。

参考文献

[1]孙朦.女人的修养与社交处世智慧[M]北京:海潮出版社,2009.

[2]刘娟.女人的修养与处世智慧[M]黑龙江:黑龙江科学技术出版社,2010.

[3]高静.提升女人修养的100个细节[M]北京:中国妇女出版社,2012.

[4]李钰霞.女人的修养与处世智慧[M]重庆:重庆出版社,2013.